中國古代科學儀器史略

楊堯飛，徐日新 編著

SCIENCE AND INVENTION IN ANCIENT CHINA

序

當今物理學的發展方向，一是理論發展，二是實驗創新，兩者相輔相成。如1950年代，楊振寧與李政道對宇稱守恆定律的修正，得依仗於吳健雄等的實驗驗證，終於創立了宇稱不守恆定律，獲得了1957年度的諾貝爾物理學獎。物理老師王維耀曾說：「只要原理正確，任何實驗都能做得出來。」也就是說：只要理論正確，指導實驗一定能成功。

實驗需要儀器。什麼是儀器？第七版《辭海》中是這樣定義的：

> 科學技術工作中，用於檢查、測量、分析、計算、發信號的器具（工具）或設備。按工作原理，分機械的、電的、光學的和化學的等。一般具有較精密的結構和靈敏的反應。廣義上泛指科學技術工作中所使用的各種器具，如物理儀器、化學儀器、演示儀器、繪圖儀器等。

中國早期的一些儀器，稱得上科學儀器的不多，如光學儀器中，出現比較早的有眼鏡，剛開始，除西方傳入的外，能夠製造的只有紫禁城中的內務府造辦處。後來，民間好多地方建立了作坊、製造廠，如蘇州、廣州等地，不僅為中國的光學製造業奠定了基礎，也培養了一批技術人才。

中國歷代有師傅帶徒弟的傳統，在手工業中更是如此。如木工、泥水工和技術含量比較高的澆鑄造型工，他們代代相傳，生生不息，使中國的許多技術得到傳承。中國早期的一些科學儀器生產廠，雖然數量不多，產品也大多仿造國外的式樣，但它們是中國科學儀器生產的種子，是可燎原之火，它們是中國先進科學儀器生產的先行者。

儀器、工具和設備很難區分，且容易混在一起。如柱礎，是中國幾千年的房屋建築中的必備材料，使用十分普遍，可惜未轉化為科學儀器。再如簡單機械中的槓桿、滑輪、輪軸和斜面等，它們既是工作中的工具，也是中學物理教育中的演示儀器，在中學物理實驗室中都有這些東西的模型，所以在本書中把它們作為儀器進行介紹。

　　由於我們自身專業的原因，本書著重介紹物理儀器，涉及的古代科學儀器包括天文儀器、地理儀器、繪圖儀器、力學儀器、熱學儀器、聲學儀器、電磁學儀器、光學儀器。

　　雖然我們想把所有物理儀器一一作介紹，但也不免掛一漏萬，不當和遺漏之處，誠請行家、讀者指正。

楊堯飛

目 錄

第一章　天文儀器

1. 圭表 …………………………………………… 1
2. 日晷 …………………………………………… 4
3. 渾儀 …………………………………………… 5
4. 渾象 …………………………………………… 6
5. 漏水轉運渾天儀 ……………………………… 6
6. 水運儀象臺 …………………………………… 7
7. 假天儀 ………………………………………… 8
8. 赤道經緯儀 …………………………………… 8
9. 地平經緯儀 …………………………………… 9
10. 簡儀 ………………………………………… 10
11. 仰儀 ………………………………………… 10
12. 玲瓏儀 ……………………………………… 11
13. 候極儀 ……………………………………… 11
14. 地平經儀 …………………………………… 12
15. 黃道經緯儀 ………………………………… 13
16. 象限儀 ……………………………………… 14
17. 紀限儀 ……………………………………… 15
18. 璣衡撫辰儀 ………………………………… 16
19. 御製銅鍍金星晷儀 ………………………… 16

第二章　地理儀器

    1. 指南車 ··· 19

    2. 記里鼓車 ··· 21

    3. 候風地動儀 ··· 23

    4. 風向儀 ··· 24

    5. 經緯儀 ··· 26

第三章　繪圖儀器

    1. 規 ·· 27

    2. 矩 ·· 27

    3. 墨斗 ··· 28

    4. 縮放尺 ··· 29

第四章　力學儀器

（一）長度測量儀器 ······································ 31

    1. 尺 ·· 31

    2. 卡尺 ··· 32

    3. 螺旋測微器 ··· 33

    4. 千分表 ··· 33

（二）體積（容積）測量儀器 ······················· 34

    1. 升 ·· 34

    2. 斗 ·· 35

    3. 斛 ·· 35

    4. 粟氏量 ··· 35

    5. 新莽嘉量 ··· 37

    6. 篩 ·· 39

（三）質量和重量測量儀器 ··························· 39

    1. 天平 ··· 40

2. 桿秤 …………………………………… 42

　　3. 機械磅秤 ……………………………… 43

　　4. 電子秤 ………………………………… 44

(四) 測時儀器 ………………………………… 44

　　1. 漏壺 …………………………………… 44

　　2. 秤漏 …………………………………… 46

　　3. 沙漏 …………………………………… 46

　　4. 火鐘 …………………………………… 47

　　5. 時脈、錶 ……………………………… 47

(五) 簡單機械 ………………………………… 49

　　1. 槓桿 …………………………………… 49

　　2. 滑輪 …………………………………… 52

　　3. 輪軸 …………………………………… 54

　　4. 斜面 …………………………………… 55

　　5. 尖劈 …………………………………… 56

(六) 力的測量及相關儀器 …………………… 57

　　1. 彈簧秤 ………………………………… 57

　　2. 鉛錘 …………………………………… 58

　　3. 弓力的測定 …………………………… 58

　　4. 磨、礱 ………………………………… 59

　　5. 軸承 …………………………………… 60

　　6. 柱礎 …………………………………… 61

　　7. 水準儀 ………………………………… 63

　　8. 虹吸管 ………………………………… 65

　　9. 比重計 ………………………………… 66

　　10. 表面張力測驗儀 ……………………… 69

　　11. 萬向支架 ……………………………… 71

　　12. 陀螺儀 ………………………………… 71

第五章　熱學儀器

    1. 火照 ……………………………………………… 73

    2. 光測高溫計 ……………………………………… 74

    3. 溫度計 …………………………………………… 76

    4. 濕度計 …………………………………………… 77

    5. 蒸餾器 …………………………………………… 79

    6. 煉丹器具 ………………………………………… 82

第六章　聲學儀器

    1. 律管 ……………………………………………… 87

    2. 四通 ……………………………………………… 88

    3. 琴 ………………………………………………… 89

    4. 磬 ………………………………………………… 90

    5. 鐘 ………………………………………………… 91

    6. 噴水魚洗 ………………………………………… 93

    7. 魚群探測器 ……………………………………… 95

    8. 共振器 …………………………………………… 96

第七章　電磁學儀器

    1. 磁鐵 ……………………………………………… 100

    2. 司南 ……………………………………………… 101

    3. 指南針 …………………………………………… 102

    4. 羅盤 ……………………………………………… 104

    5. 頓牟 ……………………………………………… 105

    6. 鴟吻 ……………………………………………… 105

第八章　光學儀器

1. 青銅鏡 …………………………………… 107
2. 景符 ……………………………………… 108
3. 潛望鏡 …………………………………… 110
4. 凹面鏡 …………………………………… 111
5. 探照燈與瑞光鏡 ………………………… 112
6. 凸面鏡 …………………………………… 112
7. 火珠 ……………………………………… 114
8. 冰燧 ……………………………………… 114
9. 放大鏡 …………………………………… 115
10. 眼鏡 ……………………………………… 116
11. 望遠鏡 …………………………………… 118
12. 顯微鏡 …………………………………… 121
13. 幻燈機 …………………………………… 123
14. 照相機 …………………………………… 125
15. 電影機 …………………………………… 126
16. 色散儀器 ………………………………… 128

參考文獻 ……………………………………………… 131

第一章　天文儀器

　　中國古代的天文學產生很早,如太陽黑子的觀察,在《漢書·五行志》中記載:「成帝河平元年(前28),三月乙未,日出黃,有黑氣大如錢,居日中央。」在《晉書·天文志》中也有記載:「永寧元年(301)九月甲申,日中有黑子。」中國古代天文學發展迅速,且與中國古代的曆法相關。天文觀測,不僅為曆法服務,也為皇家效力。在天文觀測中,單憑人眼難以觀測到宇宙的深處,也不能使觀測精準,人善假於物,於是發明了許多天文儀器,這些儀器不僅可以觀天,也可在地上模擬天象,以便觀測計算。中國歷代都十分重視天文觀測,在朝專科門設立司天監、欽天監等機構,專司天文觀測。民間也有不少天文愛好者,為農業生產、日常生活服務,創造發明了不少天文儀器,有力地促進了天文學的發展,也為精準造曆奠定了堅實的基礎。這裡介紹的天文儀器,大型的以清代製造的「銅質八大件」為主;小型的天文儀器種類繁多,列有圭表、日晷、御製銅鍍金星晷儀等。

1. 圭表

　　圭表,也叫土圭,古代測量日影長度以定方向、節氣和時刻的天文儀器。圭表由兩部分組成:表,直立的標竿;圭,平臥的尺。表放在圭的南、北端,並與圭相垂直(圖1-1)。圭表用以測量連續兩次日影最長或最短之間所經歷的時間,以定迴歸

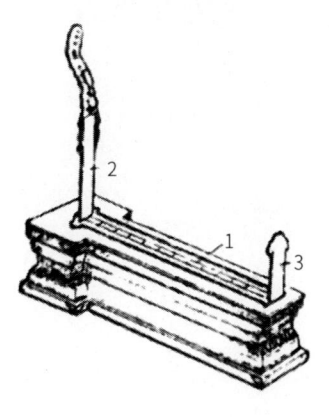

圖1-1　圭表
1.圭　2.表(南)3.表(北)

年[1]長度，成為編曆的重要儀器。

古人發現：當太陽照在樹枝上時，地上有影子，影子的長短隨一天的時間和一年四季的變化而變化，於是發明了圭表，同時產生了許多「經驗之談」，如「日長一線」，宋代歐陽脩《漁家傲》中有「初日已知長一線」之句，意思是說冬至以後，白晝漸長。還有「一寸光陰一寸金，寸金難買寸光陰」，「陰」指日影，用「寸金」來衡量「寸光陰」，是說時間的可貴。

圭表，在甲骨文中已有記載。春秋時，古人使用圭表測量時間。《周禮・春官・典瑞》：「土圭以致四時日月，封國則以土地。」東漢經學家鄭玄注曰：「以致四時日月者，度其景至不至，以知其行得失也。冬夏以致日，春秋以致月。」鄭玄又注曰：「土地，猶度地也。封諸侯，以土圭度日景，觀分寸長短，以制其域所封也。」可見古代封建諸侯還用土圭丈量他們的封地。

圭表使用中最重要的是表影長度的讀取，鄭玄以為夏至日正午，日影長度差一寸，兩地相差一千里。學者錢玄（1910—1999）說：「據後人精確推測，差一寸，則地偏南或偏北為一百三四十里，鄭說不確。」

對圭表日影長度讀取作出重大貢獻的是元代大科學家郭守敬。

郭守敬（1231—1316），字若思，順德邢臺（今屬河北）人，元代天文學家、水利學家、數學家（圖1-2）。他曾任都水監、太史令、昭文館大學士、知太史院事等，修治了許多河渠，與王恂、許衡等編制《授時曆》，創造和改進了簡儀、仰

圖1-2　郭守敬

---

[1] 迴歸年：又稱為太陽年，是指太陽視圓面中心相繼兩次過春分點所經歷的時間。它以四季更迭為週期，故以此名。它是陽曆和陰陽曆歷年的標準，並與朔望月組合而成為曆法的基礎。根據西元1980年至西元2100年每個迴歸年的時間長度計算，1個迴歸年等於365.2422平太陽日，即365日5時48分46秒，這是121個迴歸年的平均值計算結果。每個迴歸年的時間長短並不相等。

儀、高表、候極儀、景符和窺几等十餘種觀測天象的儀器，以及玲瓏儀、靈臺水渾等演示天象的儀器。他在全國設立多個觀測站進行大地測量，重新觀測二十八宿[1]以及一些恆星的位置，測定的黃赤交角達到較高精確度。著有《推步》、《立成》、《曆議擬稿》、《儀象法式》等著作14種，共105卷。

　　立表測影，表的高度一般有8尺，到了元代，郭守敬做了很大的改進，首創高表，把表身做成碑柱形，並增加到36尺，在表頂再用兩條龍抬著一根直徑3寸的橫梁，從梁心到圭面共40尺，這樣，使梁影到表底的距離等於8尺表表影的五倍，使高表的相對誤差僅是8尺表的五分之一，也就是將測量的精確度提高了五倍。

　　元末明初的葉子奇在《草木子》中也對這一做法予以肯定：

　　　　歷代立八尺之表，以量日景，故表短而晷景短，尺寸易以差。元朝立四丈之表，於二丈折中開竅，以量日景，故表長而晷景長，尺寸縱有毫杪之差則少矣。

　　但是高表增加了觀測表影模糊的問題。為此，郭守敬又發明了「景符」，我們將在第八章的光學儀器中介紹。

　　用來測定投在圭表上日影長度的是表影尺。表影尺南北放置是因為地球的赤道平面與黃道平面有23°26′的交角，要使日影投在圭表表面正中，圭表必須南北放置，太陽從東方升起時，表影正好落在表影尺上，且與表影尺平行並處於其正中。

　　表影尺測定的是真太陽時，又稱視時，是一種時間計量系統。某地的真太陽時，以太陽視圓面中心對於該地子午圈的時角來量度，並以太陽視圓面中心在該地上中天的瞬間作為真太陽時零時，真太陽時的基本單位是真太陽日，下面要介紹的日晷表示的時刻即為真太陽時。

---

[1] 二十八宿：亦稱「二十八舍」、「二十八星」，分佈於黃道、赤道帶附近一周天的二十八個星官。中國古代選作觀測日、月、五星在星空中的運行及其他天象的相對標誌。它分為四組，每組七宿，與四方和四種動物形象（稱為「四象」）相配。二十八宿以北斗斗柄所指的角宿為起點，由西向東排列，它們的名稱和四象的關係是：東方青龍——角、亢、氐、房、心、尾、箕，北方玄武——斗、牛、女、虛、危、室、壁，西方白虎——奎、婁、胃、昴、畢、觜、參，南方朱雀——井、鬼、柳、星、張、翼、軫。

2. 日晷

日晷，也叫「日規」，是土圭的發展，由晷盤和晷針組成（圖1-3）。晷盤是一個有刻度的盤，大多由石頭鑿成，裝置時平行於赤道平面，傾斜地

圖1-3　日晷　　　　　　圖1-4　晷盤與晷針

放置；晷針是金屬針，按南北方向，與地球自轉軸平行，裝置在晷盤中央（圖1-4）。它是利用晷針投出的日影方向和長度以測量真太陽時的儀器，晷針的日影隨太陽運轉而移動，在晷盤上指示的不同位置表示不同的時刻。

日晷的晷盤平行於赤道平面，這是改善日晷性能的關鍵一步，使晷針的日影隨太陽的運轉而移動，影子的運動速度很均勻，並與晷盤上時間的刻度一致。有一種地平式日晷（也叫水平式日晷），晷盤與地平面平行，晷針的日影在晷盤上分佈不均，根據日影隨時間變化的實際情況來進行刻劃，這顯然是不方便的。

西晉文學家左思寫過一篇《魏都賦》，其中有「揆日晷，考星耀」，這說明當時日晷已流行使用。《隋書·天文志》記載，開皇十四年（594），鄜州司馬袁充曾發明過地平式日晷，也叫短影平儀。南宋人曾敏行（1118—1175）在他的《獨醒雜志》卷二記載他的族人曾瞻民發明了一種晷影圖，其結構與赤道日晷基本相同，晷盤用木製成。明末清初，各國傳教士紛紛來華，帶來了西方使用的各種日晷。明代天啟年間（1621—1627），陸仲玉著《日月星晷記》，介紹各種日晷的製作方法。清代學者劉獻廷在他

的《廣陽雜記》卷二中記述:

> 楊升菴云:《史記》旁羅日月星辰,《文選·陸佐公新刻漏銘》:「俯察旁羅,升臺登庫。」《尚書·考靈曜》云:「冬至十月,在牽牛一度。求昏中者取六項,加三旁蠡,順除之。」鄭元注曰:「盡行十二項,中正而分之,左右各六項也。『蠡』,猶『羅』也。昏中在日前,故言順數也;明中在日後,故言卻也。」據此則「旁羅」乃測天之器。如今之日晷地羅也。十二項者,十二時分為十二方也。此可補《史記》注之遺。此說有據,而晦伯非之。「傍羅」為測器,即不可以證《史記》。而今人名向盤曰羅經,則確本之此也。余謂十二項,即十二向也。

如果「旁羅」即日晷的字盤,中國關於日晷的最早記載應是在漢代了。

蘇聯 Φ·C·扎維里斯基在他的《時間及其計量》中,認為日晷是波斯(即今伊朗)人帕羅芝在紀元前五百多年發明的。

3. 渾儀

渾儀,也叫渾天儀(圖1-5),是中國古代測定天體位置的一種儀器。儀器的支架上固定兩個相互垂直的圈(地平圈和子午圈),其內還有若干個可繞地軸平行轉動的圈,分別代表赤道、黃道、時圈、黃經圈等。在可轉動的圈上,附有

圖1-5 渾儀

繞中心旋轉的窺管,用以觀測天體。現陳列在南京紫金山天文臺的渾儀,為明朝正統年間(1437—1442)所造。中國最早的渾儀係西漢時天文學家落下閎創製。落下閎,複姓落下,名閎,字長公,巴郡閬中(今屬四川)人,精通天文,擅長曆算,受漢武帝徵聘,官居太史待詔。他曾與鄧平、唐都等創製《太初曆》,測定過二十八宿赤道距度(赤經差),並首先提

出交食[1]週期,以135個月為朔望之會[2]。

4. 渾象

渾象,是一種表現天體運動的演示儀器(圖1-6),在一個大球上刻畫或鑲嵌有星宿、赤道、黃道、恆穩圈、恆顯圈等,類似現代的天球儀[3]。它用漏壺滴出的水發動齒輪,帶動渾象繞軸轉動,並使渾象的轉動與地球的周日運動相等,可以將天象準確地呈現出來。

圖1-6　渾象

漢宣帝甘露二年(前52)耿壽昌製成渾象。漢宣帝時(前73—前49),耿壽昌任大司農中丞,曾建議在邊郡設定常平倉,穀賤時增價收進,穀貴時減價出售,以利農業的發展,後封關內侯。他精通數學,曾刪補《九章算術》,對天文學也有研究。《漢書·藝文志》曆譜說他著有《月行帛圖》232卷,《月行度》2卷,今偕佚。

5. 漏水轉運渾天儀

渾天儀原靠手轉動,東漢的張衡用水來推動渾天儀,他參考銅壺滴漏的工作原理,使渾天儀均勻地轉動。

圖1-7　張衡

張衡(78—139),字平子,河南南陽西鄂(今河南南陽石橋鎮)人,東漢科學家、文學家(圖1-7)。他曾在洛陽就讀於太學,研究科學和文學,兩度執掌太史令,精通天文曆算,創造了世界上最早的漏水轉運渾天儀和候風地動儀,首次闡明日食成

---

[1] 交食:指日月虧蝕。

[2] 朔望之會:農曆每月的初一稱為「朔日」,而每月的十五稱為「望日」,在朔日和望日,月亮與太陽同時出現又同時消失,故稱「朔望之會」。落下閎推算出以135個月為週期,當日、地、月處於同一直線上,且地球在日、月之間時,會發生月食。

[3] 天球儀:是一種天文教學儀器。在一個可繞軸轉動的圓球上繪有星座、黃道、赤道、赤經圈、赤緯圈等,用以幫助初學天文學的人認識星空。

因,觀測和記錄了中原地區能看到的 2500 顆星星,繪製了中國第一幅較為完備的星圖。此外,他還製造過指南車、自動記里鼓車和能飛行數里的木鳥。他的《二京賦》奠定了他在文學史上的地位。他的天文著作有《靈憲》《渾儀圖注》等。

6. 水運儀象臺

水運儀象臺,是一種大型天文儀器,吸收了以前各種天文儀器的優點,具備渾儀、渾象和計時報時裝置的功能。儀器臺高 12 公尺、寬 7 公尺,分三層(圖 1-8),上層置渾儀,用來觀測日月星辰的位置;中層置渾象,有機械使渾象旋轉週期與天球周日運動一致;下層設木閣,木閣又分為五層,每層有門,每到一定時刻,門中有木人出來報時。木閣後面放有漏壺和機械系統,漏壺引水升降,轉動機輪,使整個儀器運轉起來。

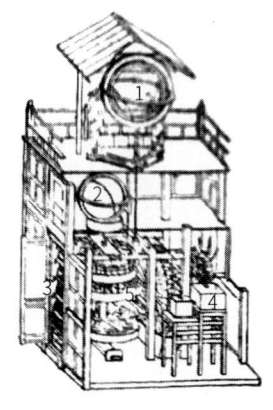

圖 1-8 水運儀象臺
1. 渾儀 2. 渾象 3. 木閣
4. 漏壺 5. 機械系統

水運儀象臺由天文學家、藥物學家蘇頌組織韓公廉等人製造,於北宋元祐七年(1092)竣工。蘇頌(1020—1101),字子容,福建泉州人(圖 1-9)。他官至刑部尚書、吏部尚書,晚年入閣拜相。他為水運儀象臺寫了一本《新儀象法要》,書的首篇是《進儀象狀》,記述了水運儀象臺的製造緣起、經過。卷上是渾儀部分,有零部件圖 17 幅;卷中是渾象部分,有渾象結構圖 3 幅,星圖 5 幅和四時昏曉中星圖 9 幅;卷下包括水運儀象臺總體構造及動力傳動、計時報時裝置等部分的內容。該書反映了十一世紀中國天文學和機械製造的水準,在世界科技史上有重要地位。

圖 1-9 蘇頌

韓公廉,在北宋元祐元年(1086)任吏部守當官,時逢吏部尚書蘇頌

奉命檢查太史局使用的渾儀,並欲製新儀。蘇頌得知韓公廉精通數學、天文學,便告知之前天文學家張衡、梁令瓚、張思訓等人的儀器法式大綱,希望他能尋根究底,依之仿製。韓公廉為此寫了《九章勾股測驗渾天書》一卷,並製成機輪木樣一座。蘇頌看過之後認為雖不盡如古人之說,然而水運輪的設計卻有獨到之處。元祐二年(1087),韓公廉被任命為制度官,並開始製作水運儀象臺。元祐三年(1088),他與其他人一起製成了供驗造用的大木樣。元祐七年(1092),該儀最終完成,被命名為元祐渾天儀象,後稱水運儀象臺。

7. 假天儀

假天儀,可模擬天上日月星辰的變化,是一種普及天文知識的天文儀器。

水運儀象臺完成後,蘇頌在翰林學士許將的提議及家藏小樣的啟發下,決定製造一種人能進入其內部觀察天象的儀器。儀器的推算設計仍由韓公廉負責。此儀器經數年製成,它的天球直徑有一人多高,推測其可能由竹子製成,上糊絹紙,球面上相應於天上星辰的位置鑿了一個個小孔,人在球內能看到點點光亮,仿似夜空中的星星一般。當懸坐在球內扳動機軸,使球體轉動,就能形象地看到星宿的出沒運行。這是中國歷史上第一臺記載明確的假天儀。

1923年,德國鮑爾斯費爾德(Walther Bauersfeld, 1879—1959)設計了一臺天象儀(圖1-10)。通過一系列光學、機械和電器裝置,準確地演示過去、現在和將來任何時刻從地球上和地球以外觀測天空的景象。在短時間內,可以演示天球旋轉,太陽、月球、行星的運動,彗星和流星的出現,日食、月食等,也能演示運載火箭飛行和閃電雷雨等現象。

圖1-10　天象儀

8. 赤道經緯儀

赤道經緯儀,由子午環、赤道環、赤經環等

图 1-11 赤道经纬仪

组成，主要用于测量恒星以及行星等天体的位置。1673 年制造的赤道经纬仪（图 1-11）为清代八件大型铜铸天文仪器之一，重 2720 公斤。整个仪器的观测部分由三个大环和一根轴承组成。最外面的大环叫子午环，呈正南北方向竖立着，两面有刻度盘。中间的圆环呈南高北低，与天赤道平行，因此叫做赤道环。环面上均匀地刻有 24 个大格，代表 24 小时，每个大格再分成 4 小格，代表 15 分钟。在赤道环面的中心垂直地竖着一根轴，叫极轴，与子午环相连，朝上的一点指向北天极，朝下的一点指向南天极，并由南极伸出的两个象限弧支撑着。里面的圆环叫做赤经环，可以绕极轴旋转。整个观测部分镶嵌在一个半圆云座内，由一条南北正立、昂首摆尾的苍龙托起，龙的四只利爪，分别抓住下面十字交梁的一端，每端都装有调整仪器水平的螺栓。该仪器至今仍完好地保存在北京古观象台的观测平台上。

从元代郭守敬创制的简仪来看，中国在元代就有赤道经纬仪了，是世界上最早的赤道装置，早于欧洲三百多年。

9. 地平经纬仪

地平经纬仪用于测量天体的地平坐标，由地平圈、象限环、立柱、窥镜四部分组成。清代康熙五十四年（1715）制成的地平经纬仪（图 1-12）现珍藏在北京古观象台。

该仪器由来华的传教士纪理安（Kilian Stumpf, 1655—1720）负责督

图 1-12 地平经纬仪

造。纪理安于康熙三十四年（1695）到北京，因精通数学、天文学而受到康熙皇帝的赏识，在京任职长达 25 年。

10. 簡儀

簡儀,是測量天體座標的一種儀器,由赤道經緯儀、地平經緯儀和日晷三種儀器組成(圖1-13)。該儀由元代郭守敬(一說王珣和郭守敬)創製,其使用了滾柱軸承,以減少儀器中的摩擦力,使儀器運行自如。

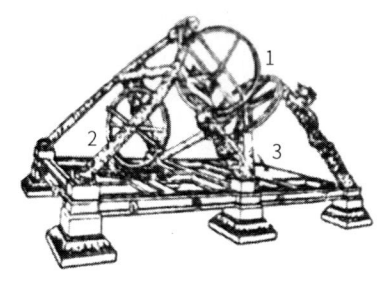

圖1-13　簡儀
1.赤道經緯儀 2.地平經緯儀 3.日晷

郭守敬創製的簡儀,在清康熙五十四年(1715)被當作廢銅熔化,現陳列在南京紫金山天文臺的簡儀,係明正統年間(1436—1449)所造。

簡儀與現代的赤道儀相仿,赤道儀是配備赤道裝置機架的天文望遠鏡,主要有一個能繞兩條互相垂直的軸旋轉的望遠鏡(圖1-14),一條軸是與地球自轉軸平行的極軸,另一條軸是垂直於極軸的赤緯軸。兩條軸上都附有刻度盤,在極軸上的為時角盤,在赤緯軸上的為赤緯盤,望遠鏡裝置在與赤緯軸正交的方向上。根據天體的赤經、赤緯和觀測時的恆星時,將望遠鏡對準這個天體,開動轉儀鐘,使繞極軸旋轉的角速度與地球自轉的角速度相等而方向相反,以抵消地球自轉運動,這樣可使望遠鏡繼續對準天體,以便仔細觀測。元末明初的葉子奇在《草木子》中說:

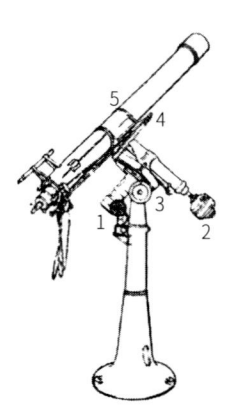

圖1-14　赤道儀
1.極軸 2.赤緯軸 3.時角盤
4.赤緯盤 5.望遠鏡

　　元朝立簡儀,為圓室一間,平置地盤二十四位於其下,屋背中間開一圓竅,以漏日光,可以不出戶而知天運矣。

11. 仰儀

仰儀由元代天文學家郭守敬創製,其主體是一個銅製的中空半球面,形狀像一口仰天放置的鍋(圖1-15),故名。半球面的邊緣上刻著方位,半球內部球面上刻著赤道座標網。半球面的邊緣南部用兩根相互垂

第一章 天文儀器

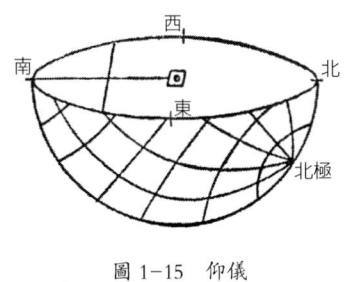

圖 1-15　仰儀

直的竿子架著一塊小板,板上開一小孔,小孔的位置正好處於半球的球心上。當太陽光通過小孔時,在球面上投下一個圓形的像,映照在所刻的赤道座標網上,即可讀出太陽在天球上的位置,有著球面日晷的作用。

12. 玲瓏儀

玲瓏儀是用於演示天象的天文儀器,是可用於直接觀測的渾象,是渾儀與渾象的結合體(圖1-16)。此儀亦為郭守敬創製,元代齊履謙在《知太史院事郭公行狀》中說此儀類似宋代蘇頌和韓公廉製造的假天儀。

圖 1-16　玲瓏儀

元代楊桓寫過一篇《玲瓏儀銘》,有「遍體虛明,中外宣露。玄象森羅,莫計其數」、「萃於用者,玲瓏其儀。十萬餘目,經緯均布」、「宿離有次,去極有度」之句,也說明玲瓏儀類似於假天儀。元末明初的葉子奇在《草木子》中亦記載:「玲瓏儀,鏤星象於其體,就腹中仰以觀之。」

結合來看,玲瓏儀不僅因星鑿竅,還把赤道座標網也鑿出了孔。人在裡面可觀看到座標網的出沒,對星體的位置更為清楚。

13. 候極儀

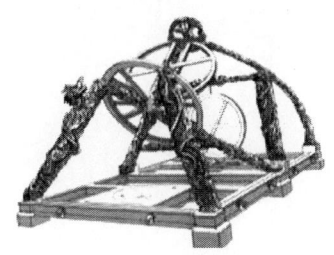

圖 1-17　候極儀

候極儀是一種用於校正儀器極軸方向的輔助儀器(圖1-17)。它是類似極軸鏡的裝置,和主體赤道結構同軸安裝,通過固定的銅板上的小孔瞭望圓環,觀測北極星在圓環邊緣對應位置,從而確定真北極的位置,此儀亦為郭守敬所創製。

· 11 ·

14. 地平經儀

地平經儀用於測量天體的地平經度。為了解該儀器，我們先介紹一下「地平座標」（圖1-18）。

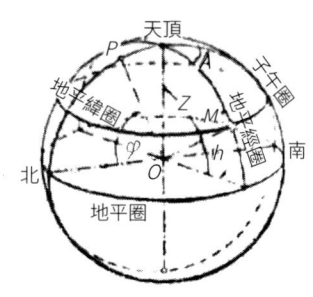

圖1-18 地平座標
P. 天球北極 A. 天體M的地平經度
h. 天體M的高度 Z. 天體M的天頂距
φ. 觀測地的緯度

地平座標是一種天球座標，以地平經度和地平緯度兩個座標表示天球上任一天體的位置。由子午圈和通過天體的地平經圈（亦稱垂直圈）在天頂所成的角度，或在地平圈上所夾的弧度，稱為該天體的地平經度。其計量方向是在地平圈上從南點起向西（大地測量、航海、航空從北點向東）量度，由0°~360°；有時從南點或北點起分別向東、西兩個方向量度，由0°~180°。從地平起，沿天體的地平經圈量度到天體的角距離，稱為天體的地平緯度。其計量方向由0°~90°，天體在地平之上為正，在地平之下為負。地平座標與觀測者所在地理位置有關，在同一時刻不同觀測地的地平座標是不一樣的。由於地球自轉，同一天體在地平座標中的座標亦隨之而變。地平座標一般用於天文測量、航海和航空的定位觀測等方面。

現存於北京古觀象臺上的地平經儀（圖1-19），製於康熙八年至十二年（1669—1673），由比利時傳教士南懷仁（Ferdinand Verbiest, 1623—1688）監製。此儀重1811公斤，高3.201公尺。其主體是地平圈，圈內設有東西通徑，中間為圓盤，用雲柱支撐。四隅用三根龍柱及一根鑄造精細的銅柱支撐，下面是十字交梁，用螺栓來調整水平。在東西柱上，又立兩根柱，兩條蒼龍沿柱蜿蜒而上，頂端各伸出一爪，合捧一個火球，球心

圖1-19 地平經儀

表示天頂,與地平圈的中心成一條垂線。沿垂線方向安有一根上指天頂下指地心的中空立表,此表可旋轉360°,立表下端設有一個與它垂直的橫表,其長和地平圈外徑相齊,平放在地平圈上。立表的中空處,上下各設有一根立柱,柱頂端有一個垂直的小孔,旁邊有一小孔貫穿兩側,並與垂直的小孔相通,兩根立柱用垂線相連。立表上端兩側,平置兩根小柱,從小柱分引兩條斜線與橫表兩端相連。觀測時,使待測天體與橫表兩端的線和中心垂直在一個平面上,就可定出地平經度。

15. 黃道經緯儀

黃道,是指從地球上看太陽一年內在恆星之間所走的視運動路徑。黃道經緯儀是用於測量恆星的黃道座標(黃經、黃緯)的觀測儀器。黃道座標是一種天球座標(圖1-20)。天體在天球上的位置以黃經和黃緯兩個座標表示。春分點的黃經圈與通過某一天體的黃經圈在黃極所成的角度,或在黃道上所夾的弧長,稱為該天體的黃經。計量方向為在黃道上由春分點起,沿著與太陽周年運動相同的方向,從0°~360°。從黃道起,沿黃經圈到天體的角距離稱為該天體的黃緯。計量方向從黃道起,由0°~90°,黃道以北為正,以南為負。研究太陽系天體的位置和運動時,一般採用黃道座標。以地球中心作天球中心的黃道座標稱「地心黃道座標」,以太陽為中心作天球中心的黃道座標稱為「日心黃道座標」。

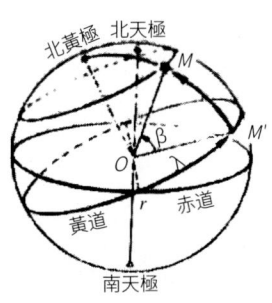

圖1-20 黃道座標
r.春分點 λ.黃經 β.黃緯

現存於北京古觀象臺上的黃道經緯儀(圖1-21),製於康熙八年至十二年,由比利時傳教士南懷仁監製。此儀重2752公斤,高3.492公尺。其外圈是正立的子午圈,兩極安有銅軸,用半圓契合,使它固定。

圖1-21 黃道經緯儀

子午圈內的一個大圈叫做極至圈,用鋼軸契合在子午圈的兩個極點上。在極至圈內,套著一個斜躺著的大圈,這個大圈平行於地球繞太陽旋轉的黃道,叫做黃道圈。黃道圈上刻有度數和黃道十二宮[1]的圖案,是黃道經緯儀的基本大圈。有一根垂直於黃道圈面的鋼軸,連接黃道的南、北兩極。最裡面的一個圓環叫做黃道經圈,與黃道南、北極相連,並且可以繞鋼軸旋轉,圈上也刻有度數。在觀測天體時,可根據黃道圈和黃道經圈的刻度定出太陽和行星的位置。

整個儀器的觀測部分放置在一個半圓雲座內,由兩條背向而立的蒼龍托起,蒼龍的爪子緊緊地抓住雕有雲紋斜交的十字梁。

16. 象限儀

象限儀,又稱地平緯儀,用於測定天體地平高度或天頂距的觀測儀器(圖1-22)。所謂地平高度,就是觀測者到某顆星星的視線與地平面的夾角。

現存於北京古觀象臺上的象限儀,製於康熙八年至十二年,由比利時傳教士南懷仁監製。其主要部件是一個呈90°的象限環,象限環豎邊上指天頂、下指地心,橫邊與地平線平行,橫豎兩邊相交於圓心。儀器的背面正中是豎軸,象限環固定在豎軸上,東西各有一立柱,立

圖1-22 象限儀

---

[1] 黃道十二宮:從春分點起算,沿黃道每30°為一宮,黃道全圈360°,共分十二宮,名稱如下表所示。過去的黃道十二宮與黃道十二星座一致,由於春分點向西移動,兩千年前在白羊座的春分點現移至雙魚座,因而現在宮名和星座名已不吻合。

黃道十二宮			
黃經(度)	宮 名	黃經(度)	宮 名
0-30	白羊宮	180-210	天秤宮
30-60	金牛宮	210-240	天蠍宮
60-90	雙子宮	240-270	人馬宮
90-120	巨蟹宮	270-300	摩羯宮
120-150	獅子宮	300-330	寶瓶宮
150-180	室女宮	330-360	雙魚宮

柱上下端都有一橫梁相接,橫梁中心鑿有圓孔用來安裝豎軸,象限環的圓心,伸出一根橫軸,其上掛窺衡,窺衡下端有立耳,背面設有夾螺子(今已折斷),旁邊有游表(已遺失)。象限環中間鑄有一條騰雲戲球的蒼龍,造型優美,又具有平衡重心的作用,使整個象限儀的重心落在中心主軸上,主軸的兩端是圓的,可使象限環垂直於地面自由旋轉。觀測時,轉動象限環,將游表對準待測天體,從窺衡中看到此天體後,觀看游表所指弧面上的刻度,就可知道這個天體的地平高度。

17. 紀限儀

紀限儀,又稱距度儀(圖1-23),是用於測量60°以內任意兩天體的角距離的天文儀器。現存於北京古觀象臺上的紀限儀製成於康熙十二年(1673),儀器重802公斤,主體部件是一段60°的弧面,弧面半徑約2公尺,上面飾有精細的對稱型花紋,以弧邊中央點為0°,向左右兩邊各刻

圖 1-23　紀限儀

30°,既有裝飾效果,又有保持平衡的作用,使整架儀器的重心正好位於軸上,儀面可繞軸任意轉動。從0°點到弧面頂點預設一根銅桿,整個弧面固定在銅桿上,並能上下左右轉動。銅桿後面的圓柱與銅桿上的橫軸相連,穩穩地插入一公尺高的游龍底座內。在銅桿上端還有一根橫軸,掛有窺尺和游表,貼附在弧面上。

觀測時,先把全儀旋轉,使主軸向著待測兩天體,然後用滑車移動主軸的高低對準兩天體的中間,再用手輪將弧面與兩待測天體移動到同一平面上,一人用掛於儀面頂端橫軸上的窺衡對準一待測天體,另一人用弧環上的游表對準另一待測天體。這樣,窺衡和游表兩者所指出的弧邊刻度差就是這兩待測天體之間的角距離。若待測兩天體的距離太近,一天體以橫軸為準測量,另一天體用小柱測量,讀數之差再減去10°就是

· 15 ·

兩待測兩天體的角距離。

18. 璣衡撫辰儀

璣衡撫辰儀，也叫精密赤道渾儀（圖1-24），主要用以測定天體的赤經差、赤緯和真太陽時。現存於北京古觀象臺上的璣衡撫辰儀，製成於乾隆十九年（1754），此儀重5145公斤，高3.379公尺。這架由青銅澆鑄成的古儀，設計巧妙，製造精美、細膩，幾條游龍栩栩如生，氣魄宏偉，令人讚嘆，不愧為中國古代天文文物中的瑰寶。

圖1-24 璣衡撫辰儀

璣衡撫辰儀觀測部分的外層是一根南北正立的子午雙圈，雙圈用銅枕固定，其空隙的中線為子午正線。在雙圈內有兩個並排的圓環，稱赤道圈，外面的赤道圈固定在子午雙圈上，東西各有龍柱相托，裡面的赤道圈連接在極至圈上，且可以沿赤道面移動，因此又稱遊動赤道圈。最裡面的圓環稱赤經圈，由環內的一根空心銅軸連接在子午雙圈的兩個極點上，赤經圈可以繞銅軸旋轉。在空心銅軸中間還有一根窺管，前端圓孔內有十字絲裝置，起到提高觀測精度的作用。整個觀測部分由雕工精細的雲座和龍柱托起。

璣衡撫辰儀基本結構和原理類似漢唐以來渾儀的傳統制度。但是，它大膽地捨棄了地平圈和黃道圈，簡化了古渾儀的結構，減少了不必要的部件，擴大了觀測天區，提高了觀測精度，這在渾儀的發展史上，佔有重要地位。璣衡撫辰儀的用法雖和赤道經緯儀相似，但不同的是它多了一個可以轉動的遊動赤道圈，這樣在測星的赤道座標時，可以直接從上面讀出此天體的赤道經度，測量誤差小、方便。

19. 御製銅鍍金星晷儀

隨著電學的發展和一些新材料的研製成功，清代的天文儀器製造如虎添翼，不僅生產了「銅質八大件」，還增添了不少新型、精巧的小型天文

儀器。如御製銅鍍金星晷儀（圖1-25）。該儀器是通過測星而求時刻的儀器,由天盤與地盤組合而成,下面均有一柄。天盤圓面直徑10.6公分,地盤圓面直徑13.5公分,天盤上部裝有左右兩角的直表,反面左右分別刻著「帝星」、「勾陳」。地盤一面周圈刻12時辰,另一面外周圈刻12辰,內圈刻五更名,圍繞中心橫向對稱刻二十四節氣表及橫、縱線,橫線為節氣線,縱線為更線。使用時,先以星盤中心孔內懸垂線取直,再旋轉天盤,使直表上的兩天體對準天上北天極附近的「帝星」、「勾陳」兩星,從墜線在盤上與所指節氣對應的更時線,即得到相應更時與時刻。

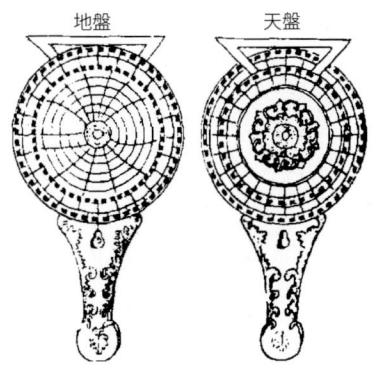

圖1-25　銅鍍金星晷儀

第二章　地理儀器

地理學是研究地球表面人類生活的地理環境中各種自然和人文現象以及它們之間相互關係和區域分異的學科。古代地理學主要探索關於地球的形狀、大小和有關的測繪方法，或對當時已知國家和地區的情況進行羅列式描述，中國最古老的地理書籍有《禹貢》和《山海經》。

地理儀器，主要用來測量大地、繪製地圖。《史記·夏本紀》中說，西元前2200多年夏禹治水「左準繩，右規矩，載四時，以開九州，通九道」。《山海經》記載，夏禹派了大章和豎亥兩位徒弟，徒步作大地測量。這說明在四千多年前，中國人的祖先為發展農業生產，與洪水猛獸搏鬥，已經開始作大地測繪工作了。

周朝，據《周禮·地官》中記載，「大司徒」的職責就是「掌建邦之土地之圖與其人民之數，以佐王安擾邦國」。

由此可以看出，從上古時代起，地圖在人類生產、生活中發揮著巨大的作用。

到春秋戰國，地圖已普遍使用在軍事上，如《管子·地圖》中說：「凡兵主者，必先審知地圖……地形之出入相錯者，盡藏之，然後可以行軍襲邑。舉錯知先後，不失地利。此地圖之常也。」軍事家孫武在《孫子兵法·地形篇》更是明確提出地形的重要性，他說：「夫地形者，兵之助也。料敵致勝，計險厄遠近，上將之道也。知此而用戰者必勝，不知此而用戰者必敗。」當時的地圖都是刻在木板上，有山脈、河流、城鎮、道路等，且有一定的比例。

秦漢時，統治者視地圖為權力的象徵，地圖的種類也逐漸增多，有土地圖、戶籍圖、礦產圖、天下圖、九州圖等。秦帝國建立後，其思路是「掌天下之圖以掌天下之地」。在中央設大司徒專門管理地圖，地方上還設有「土訓」管理地圖。

劉邦率大軍入咸陽，然後蕭何立即將秦國的地圖資料悉數置於堅固的資料庫中，並通過這些資料迅速掌握了全國的戶口、民情和地勢資訊。

地圖資料的積累，也促進了天文測量的進步。在西漢時期人們已能運用勾股弦和相似三角形來作大地測量。長沙馬王堆一號漢墓出土的地圖，是漢代地圖繪製史實的最好實物證明。

東漢初期，社會穩定，經濟發展，也促進了測繪技術的進步。著名科學家張衡，經過長期觀察，否定了天圓地方說，證明地球是一個球，並測定黃赤交角為24°，為天文學和大地測量學的發展奠定了基礎。

唐代的僧一行，利用水運渾天儀和黃道游儀，測量了地球子午線的長度；宋代的沈括利用渾天儀測量地表的距離。

中國古代發明的地理儀器有限，我們介紹以下幾種以了解中國古代發明的地理儀器及取得的成就。

1. 指南車

指南車，又稱司南車（圖2-1），是利用齒輪傳動來指明方向的一種簡單機械裝置。指南車上立一木人，手指指向南方，不論車子如何轉動，木人的手指始終指向南方。它由足輪及有齒的立輪、小平輪、中心大平輪等零部件組成（圖2-2）。當車向前筆直行駛時，左、右側小平輪均被提起，齒輪系統不工作，木人手指指向不變；當車左轉時，由於車轅的擺動使左側小平輪被提起，右側小平輪放入立輪和中心大平輪之間，處於工作狀態。車向左轉而木人向右轉，兩者轉動角度相同，木人手指仍指向南方；車向右轉而木人向左轉，兩者轉動角度相同，木人手指仍指向南方。

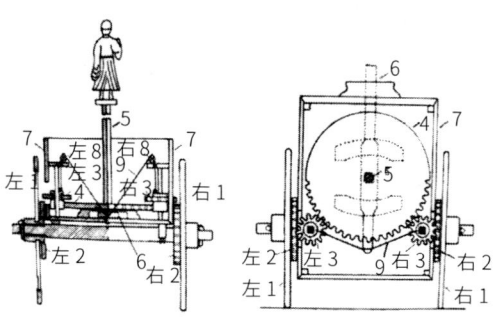

圖 2-1　指南車　　　　　　圖 2-2　指南車結構圖
（採自《梓人遺制圖說》）　　1.足輪　2.立輪　3.小平輪　4.中心大平輪
　　　　　　　　　　　　　　5.貫心立軸　6.車轅　7.車廂　8.滑輪　9.拉索

指南車可由畜力牽引，由車輪傳輸動力，不斷地調整木人手指所指的位置。指南車的製造精度要求頗高，若兩個足輪的周長有 1% 的誤差，當車行駛距離為 50 倍車輪距時，木人手指指向就會有 90% 的偏差，因此，指南車足輪的尺寸誤差必須遠小於 1%，可見指南車結構頗為精密，不易製造。

相傳指南車由黃帝發明製造。上古時，黃帝與九黎部落的首領蚩尤大戰於涿鹿之野，蚩尤會噴霧，使人伸手不見五指。黃帝令其臣風後造了一輛指南車，用來指示方向，終於大敗蚩尤。還有一個傳說，西周時，居住在東南亞的越裳氏派使者晉見周成王，歸國時周公為了讓使者不致迷路，便造了一輛指南車送他們歸去。

指南車失傳很久，據說西漢時有人發明過指南車，但沒有留傳下來。

經許多專家考證，指南車為三國時馬鈞發明，他於魏明帝青龍三年（235）造出了指南車。

到晉代時，指南車已成為鹵簿儀仗之一，《晉書·輿服志》有載。

南北朝時，祖沖之在馬鈞製造的指南車基礎上，為齊高帝蕭道成製造了一輛指南車，並作了許多改進。《南齊書·祖沖之傳》還記載了北人索馭驎也創製過指南車，但不及祖沖之那輛精巧。

北宋天聖五年（1027），燕肅造過指南車。宋徽宗大觀元年（1107），

· 20 ·

吳德仁也敬獻過指南車。《宋史・輿服志》中保存了他們的製造方法。

南宋,岳飛之孫、岳霖之子岳珂,在他的《愧郯錄》中記載了關於指南車的設計方案。

明永樂年間成書的《永樂大典》中有一幅指南玉人像,是根據1341年的一幅原版畫複製的。

1959年,中國歷史博物館調集王振鐸等專家,根據《三國志》注引《魏略》及《宋史・輿服志》復原了一輛指南車(圖2-1)。

2. 記里鼓車

記里鼓車,又叫記里車、司里車、大章車,是中國古代計算道路里程的車,由記道車發展而來,圖2-3所示的記里鼓車是王振鐸先生根據《宋史・輿服志》及東漢孝堂山畫像石資料復原的。

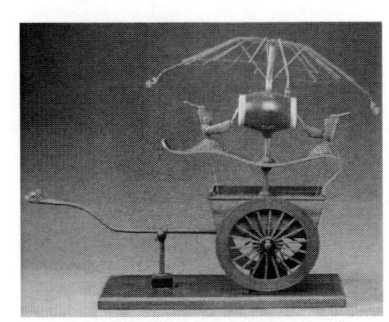

圖2-3　記里鼓車
(採自《梓人遺制圖說》)

最早有關記道車的記載是《西京雜記》:「漢朝輿駕祠甘泉汾陰,備千乘萬騎……記道車駕四,中道。」後來將記道車加以改進,增加擊鼓裝置,由此稱為「記里鼓車」。《晉書・輿服志》記載:「記里鼓車,駕四,形制如司南,其中有木人執槌向鼓,行一里則打一槌。」西晉崔豹的《古今注》中也有類似的記述。

據說東漢大科學家張衡也發明過記里鼓車。車分上下兩層,上層設一鐘,下層設一鼓,車上有木人,頭戴峨冠,身穿錦袍,高坐車上。車走十里,木人擊鼓一次,擊鼓十次就擊鐘一下。可惜張衡的發明沒有留存。

三國時的大發明家馬鈞也製造過記里鼓車。

據《宋史・輿服志》記載,劉裕(363—422)率軍大敗秦軍,將繳獲的記里鼓車、指南車等運到建康(今南京市)。北宋天聖五年,內侍盧道隆造記里鼓車,並詳細記敘了記里鼓車的構造、尺寸和原理。宋大觀年間,吳德仁重新設計製造了一種新型的記里鼓車。他簡化了設計,減少

了一對擊鐲齒輪,使記里鼓車向前行駛一里時,木人同時打鼓擊鐲。

記里鼓車的基本原理和指南車相似,也是利用齒輪機的差動關係,其結構示意圖如圖2-4所示。車輪(H)的周長1丈8尺,車輪轉一圈,則車行1丈8尺,古時以6尺為1步,則車輪轉一圈車行3步。

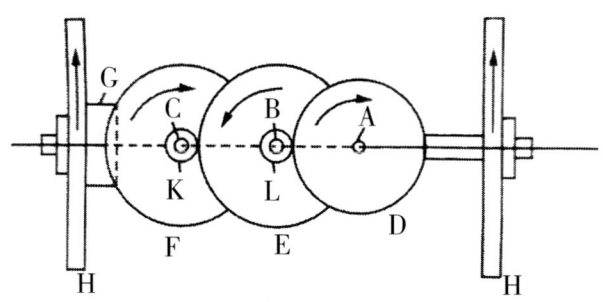

圖2-4　記里鼓車結構示意圖

立輪(齒輪G)附於左車輪,並與下平輪(齒輪F)相嚙合。立輪齒數為18,而下平輪齒數為54,所以前者轉一圈,後者才轉1/3圈。

銅旋風輪(K)與下平輪裝在同一貫心豎軸(C)之上,與中立平輪(E)相嚙合。銅旋風輪的齒數為3,而中立平輪的齒數為100,所以前者轉一圈,後者才轉3/100圈。

小輪(L)與中立平輪裝在同一貫心豎軸(B)之上,並與上平輪(D)相嚙合,小輪齒數為10,而上平輪齒數為100,所以前者轉一圈,後者才轉1/10圈。

車行一里(即300步)車輪與立輪都轉100圈,下平輪與銅旋風輪才轉100/3圈,中立平輪(E)才轉(3/100)×(100/3)=1圈,而上平輪才轉1/10圈。也就是說,車行一里,豎軸(B)才轉一圈;車行十里,豎軸(A)才轉一圈。而在這兩個豎軸上,各附裝一個撥子。因此,車行一里,豎軸(B)上的撥子便撥動上層木人擊鼓一次;車行十里,豎軸(A)上的另一撥子便撥動下層木人擊鼓一次。

記里鼓車,利用齒輪機的差動關係顯示行車里程,在今日仍有現實

意義,如現代汽車的計程器。

3. 候風地動儀

候風地動儀是中國古代一種測驗地震方位的儀器,係東漢張衡於漢順帝陽嘉元年(132)創製。

《後漢書·張衡傳》記載:

> 陽嘉元年,復造候風地動儀。以精銅鑄成,員徑八尺,合蓋隆起,形似酒尊,飾以篆文山龜鳥獸之形。中有都柱,傍行八道,施關發機。外有八龍,首銜銅丸,下有蟾蜍,張口承之。其牙機巧製,皆隱在尊中,覆蓋周密無際。如有地動,尊則振龍,機發吐丸,而蟾蜍銜之。振聲激揚,伺者因此覺之。雖一龍發機,而七首不動。尋其方面,乃知震之所在。驗之以事,合契若神。自書典所記,未之有也。嘗一龍機發,而地不覺動,京師學者咸怪其無徵。後數日驛至,果地震隴西,於是皆服其妙。自此以後,乃令史官記地動所從方起。

候風地動儀用青銅鑄造,形似酒樽,樽上飾有篆文山龜鳥獸圖案,樽內立一根都柱,都柱周圍有八條滑道。樽外有八條龍,按八個方位安裝,龍口各含一個銅丸,龍頭下方有八隻向上張口的蟾蜍。當某地發生地震,儀器內機關觸發,該方向的龍口張開,銅丸落入相應的蟾蜍口中,並發出響聲,使掌管候風地動儀的人知曉,從而判斷地震方位。

候風地動儀極其靈敏,漢順帝永和三年(138)二月初三日,地動儀西側的龍口突然吐出一個銅球。按照張衡的設計,這就說明京城洛陽西部發生了地震。可當時洛陽沒有一絲震感,一些官員懷疑張衡的地動儀,一時議論紛紛。過了幾天,探馬來報,說離洛陽一千多里的隴西(今甘肅東南部)地區發生了地震,時間和方位與地動儀所示相符,此時,人們才信服張衡的地動儀。

地動儀的內部結構是否如《後漢書》中所述那樣,有不少學者對此作過探討。如南北朝時北齊信都芳寫了《器準》一書,隋初臨孝恭寫過

《地動銅儀經》，兩書都對地動儀內部結構有所記述，還繪有圖式和製作方法，可惜自唐以後兩書均散佚。

1950年代，在王振鐸的主持下成功復原候風地動儀（圖2-5），並認為都柱的工作原理與近代地震儀中倒立式震擺相仿，都柱是倒立於樽中央的一根銅柱，豎直站立時，

圖2-5　王振鐸等復原的候風地動儀

重心高，一有地動，就失去平衡，倒向八條滑道中的一道。八條滑道中裝有槓桿，叫做牙機，槓桿穿過儀體，連接龍頭上頜。都柱傾入滑道中後，推動槓桿，使龍嘴張開，吐出銅丸，落入蟾蜍口中，由此作出地震報告。

中國科學技術大學的李志超，以全新的視角，根據自己對地動儀的理解，提出了詳細的改進方案，並在《天人古義》一書中詳細記錄。

國外，對張衡候風地動儀的研究也一直未停。如今村明恆等人於1939年複製了一架，如圖2-6所示。

圖2-6　今村明恆複製的候風地動儀

現代的地震儀由拾震器、放大器和記錄器三部分組成。地震發生時，地震儀的其他部分隨著地面一起振動，只有拾震器的「擺」（重錘）由於慣性不隨地面同步運動，「擺」與儀器其他部分的相對運動，經放大器放大後被記錄器記錄下來。

4. 風向儀

風向儀是測定風的來向的儀器，包括風標和方位字標兩部分，如圖2-7所示。

圖2-7　風向儀

簡單的風向儀不附方位字標。風標頭部指向即風的來向，有的風向儀通過機械或電磁裝置能直接顯示瞬時風向或描繪出風向連續變化情況。

一些氣象站（或水文站）有能同時測定風向和風速的風向風速器，由風向器和風速器組成。例如，電接風向風速計（圖2-8）、達因風儀[1]（圖2-9）等。

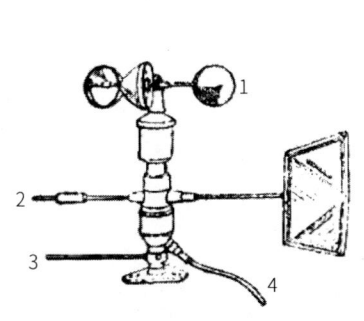
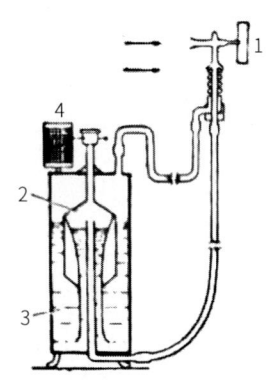

圖2-8 電接風向風速計
1.風杯 2.風標 3.方位指標 4.電纜

圖2-9 達因風儀
1.風標 2.浮桶 3.水
4.裝有自記紙的自記鐘

中國古代，對風早有認識，且利用風能於生產和生活。如很早就有的帆船，就是利用風推動風帆使船前進。東漢晚期墓葬的壁畫上已出現風力水車，利用風輪、傳動裝置和水車提水。風箏，也叫「紙鳶」、「鷂子」，用細竹紮成骨架，再糊上薄紙繫長線，利用風力升入空中，相傳為漢初韓信發明，不僅是民間玩具，也是一種軍事工具，用來刺探軍情。五代時，在紙鳶上繫竹哨，風入竹哨，聲如箏鳴，所以有了「風箏」。現在風箏已成為一項體育比賽項目，最著名的有山東濰坊國際風箏會。

---

[1] 達因風儀：自動測定瞬時風向風速連續變化的儀器。由英國人達因（William Henry Dines, 1855—1927）設計。風速部分根據密閉容器中浮桶的內外部在風的作用下產生壓力差，由壓力不同而促使浮桶升降的原理製成。浮桶上有一標竿，上置自記筆，筆尖與自記鐘上的自記紙相接觸。當浮桶升降時，即描出瞬時風速變化曲線。風向記錄，則通過風向標的轉動獲得。

5. 經緯儀

經緯儀是測量水平角和垂直角的儀器。經緯儀是現代測量儀器，在城市建設中應用廣泛。

經緯儀有光學經緯儀和電子經緯儀兩種。光學經緯儀（圖 2-10）是根據光學原理測定水平角和垂直角的儀器，主要部件有望遠鏡、水平度盤、垂直度盤、水準器和基座等。測角時，一般將光學經緯儀置於三腳架上，利用垂球或光學對點器，使儀器中心與地面標誌位於同一鉛垂上。藉助水準器把儀器的垂直軸調整到鉛垂位置，用望遠鏡瞄準目標，利用水平度盤和垂直度盤測定水平角和垂直角。

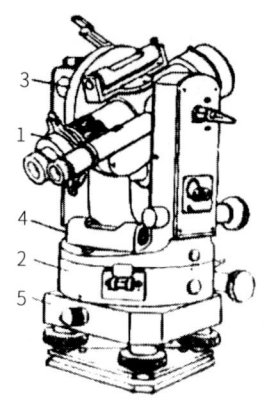

圖 2-10　光學經緯儀
1. 望遠鏡　2. 水平度盤
3. 垂直度盤　4. 水準器　5. 基座

電子經緯儀（圖 2-11）是用電子方法自動測角的儀器，主要由光機部件、增量式光柵碼盤或絕對編碼盤、微處理器、傾斜感測器、液晶監視器、鍵盤、數據介面等構成。使用者只要照準目標，用鍵盤選擇需要的測角模式，經過自動補償改正的水平角和垂直角就能同時顯示出來。也可以通過數據介面與電子電腦連接，將角度數據傳輸到電子電腦，適用於各種角度測量。

圖 2-11　電子經緯儀

第三章　繪圖儀器

繪圖儀器是繪製圖樣時使用的各種繪圖工具的總稱。中國是最早使用繪圖工具的國家之一，幾千年來人們為了解決直線與曲線的繪製問題，創造了易於製作、使用方便的繪圖儀器。中國古代繪圖儀器有規和矩，規和矩的使用，為畫圖的精確性和科學性提供了保證。

1. 規

規，即筆規，也叫兩腳規，是用來畫圓弧和圓的儀器，有兩隻腳，上端鉸接，下端可隨意分開或合攏，以調整所繪圓弧半徑的大小，如圖 3-1 所示。使用時，先用筆規的一腳確定一個點作為圓心，再用另一腳確定圓的半徑，旋轉一圈之後就可以畫一個圓。只要兩腳足夠長，就可畫半徑任意大小的圓。

筆規的得名與其功能有關。《詩經》中的《小雅·沔水》序箋:「規者，正圓之器也。」可見「規」的本義就是校正圓的用具。

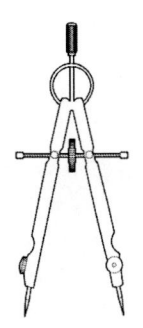

圖 3-1 規

2. 矩

矩是畫直角或方形的儀器，即曲尺，也稱角尺、拐尺，是一邊長一邊短的直角尺（圖 3-2），也是木工和鉗工常用的工具。

《正字通·矢部》記載:「矩，為方之器。」

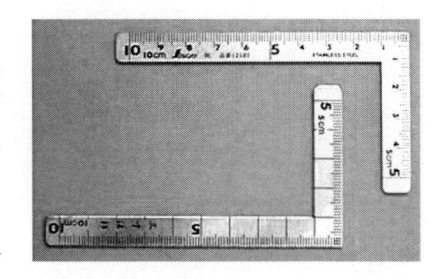

圖 3-2 矩

·27·

《律學新說》中說:「商尺者,即今木匠所用曲尺。蓋自魯班傳至於唐,唐人謂之大尺,自唐至今用之名曰今尺。」

《魯班經》也說:「須當湊時魯班尺。」

《陽宅十書》中說:「海內相傳尺數種,屢經試驗惟此尺為真,長短協度,凶吉無差。蓋昔公輸子班,造極木作之聖,研窮造化之微,故創是尺。」後人因而將曲尺(矩)名以「魯班尺」。

山東漢代武梁祠石室有女媧和伏羲手執規矩的畫像(圖3-3)。女媧和伏羲是中國古代神話傳說中人類的祖先,這幅畫像說明規、矩作為繪圖工具出現得非常早。

圖3-3 漢武梁祠中的伏羲、女媧手執矩、規的畫像石

3. 墨斗

圖3-4 墨斗

墨斗是木工和石匠畫線的工具。它由墨倉、線輪、墨線和墨筆組成,如圖3-4所示。

墨倉:墨斗前端的一個圓斗。早期用竹木做成,前後各有一小孔,墨線從中穿過。墨倉內填有蠶絲、棉花、海綿之類的蓄墨材料。

線輪:一個手搖轉動的輪,類似釣輪,用來纏墨線。墨線由木輪經墨倉小孔牽出,固定於一端,像彈琴弦一樣將墨線提起彈在要畫線的地方。用後轉動線輪將墨線纏回,因而古代稱墨斗為「線墨」。

墨線:一般是用蠶絲做成的細線,也可用棉線,經過墨倉時可保留一定數量的墨汁。墨線末端有一個線錐,是用鐵或銅製作的有尖錐,它可以插在木頭表面來固定墨線的一端,也可當鉛錘使用,木工把墨線叫做「吊線」。

墨籤：用竹片做成的畫筆。其下端做成掃帚狀，彈直線時用它壓線（使墨線濡墨），畫短線或做記號時，當筆使用。

相傳，墨斗由公輸班發明，起始時墨線一端並沒有用鐵或銅做的尖錐，使用時由其母親幫忙，將墨線按住，每天頗為辛勞。於是公輸班作了改進，將墨線一端裝上尖錐，替代母親壓墨線，此物故有「替母」、「班母」之稱。

由於墨線挺直，常用以準則規矩的代稱，如繩墨、矩墨。古有「設規矩，陳繩墨」之稱。

4. 縮放尺

縮放尺是一種用於放大或縮小圖形的簡單繪圖儀器。它利用了平行四邊形性質和相似三角形對應邊成比例的關係，如圖 3-5 所示。$\triangle ABC \backsim \triangle A'B'C'$，如果對應頂點的連線（或延長線）相交於點 O，那麼 $\triangle ABC$ 和 $\triangle A'B'C'$ 就是位似圖形，點

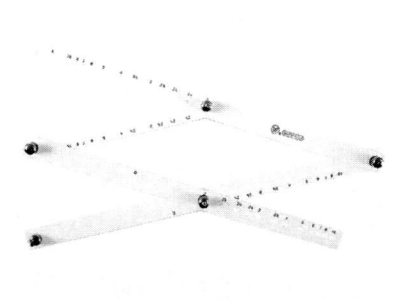

圖 3-5　縮放尺

O 叫做位似中心，並且位似比（相似比）$\dfrac{OA}{OA'} = \dfrac{AB}{A'B'}$，如圖 3-6 所示。位似圖形具有這樣的性質：兩個位似圖形一定相似，它們的相似比等於各對應頂點與位似中心的距離之比，它們的各對應邊分別平行。

縮放尺的製作過程如圖 3-7 所示，把鑽有若干小孔的 4 條直尺用螺栓分別在點 A、B、C、D 處連接起來，使直尺可以繞著這些點轉動，並使 $OD=DA=CB$，$DC=AB=BA'$。根據圖中的縮放尺的構造可知：不論直尺如何轉動，四邊形 $ABCD$ 總是平行四邊形，$\triangle ODA \backsim \triangle OCA'$，

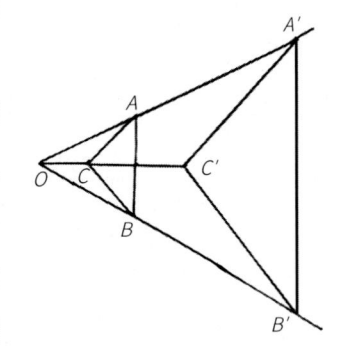

圖 3-6　相似三角形

△ODA 和 △OCA′ 都是等腰三角形,並且∠ODA= ∠OCA′,∠DOA=$\frac{1}{2}$(180°-∠ODA)=$\frac{1}{2}$(180°∠OCA′)=∠COA′,從而得到點 O、A、A′在一條直線上,於是有 $\frac{OA′}{OA}=\frac{OC}{OD}=K$。當點 O 的位置固定時,不論各尺如何轉動,點 A′和點 A 都是以點 O 為位似中心,以 K 為位似比的位似圖形的對應點。

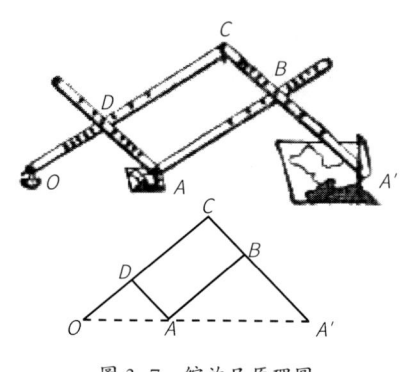

圖 3-7　縮放尺原理圖

　　當我們放大某一圖形時,將這個圖形固定在點 A 的下方,在尺上的點 A 處裝上尖針,將空白紙固定在點 A′的下方,在尺上的點 A′處裝上畫圖筆,當點 A 處的尖針沿所給的圖形移動時,點 A′處的畫圖筆就可以在空白紙上畫出所給圖形放大成原來的$\frac{OC}{OD}$倍的圖形。

　　交換上述尖針與畫圖筆的位置,也交換所給的圖形與空白紙的位置,就可以畫出把所給圖形縮小成原來的$\frac{OD}{OC}$的圖形。改變螺栓所在的點 B 和 D 的位置,可以調整縮放尺放大或縮小的比。

第四章　力學儀器

力學是應用最廣、形成最早、發展最快的學科之一。它主要研究宏觀物體的機械運動規律及其應用。古代通過在機械、建築、軍事等方面的實踐和對天文、物理現象的觀測,已對力學有了研究。17世紀以後,以牛頓運動定律為基礎,總結成了牛頓力學體系。力學根據所研究物體的性質,可分為質點力學、質點組力學、剛體力學和連續介質力學;根據運動性質,又可分為運動學、動力學和靜力學。之後,力學又發展出許多應用力學分支,如固體力學、物理力學等。20世紀初,在研究高速運動物體的運動規律時,建立了相對論力學。一般把牛頓力學和相對論力學稱為經典力學。對於微觀粒子,經典力學往往不再適用,須用量子力學。這裡的力學儀器僅指經典力學中的一般儀器。

(一)長度測量儀器

長度測量儀器是用於測量物體長短寬窄的儀器。除常用的尺外,還有游標卡尺、螺旋測微器等。

1.尺

尺是測量長度的基本工具,通常設有刻度以度量被測物體的長度。在日常的生活實踐中,要根據所測對象的性質、測量精確度的要求,選擇合適的尺進行測量。中國古代的尺,種類很多,有周尺、魯班尺、營造尺等。自從秦始皇統一度量衡以來,歷代都會頒布全國統一的尺,但是長度單位的制定卻不是特別精確,歷代都有自己的長度單位,如「里」、「步」、「尺」、「寸」等,標準各不相同。漢司馬遷《史記》上記載孔子「長九尺有六寸,人皆謂之『長人』而異之。」在周朝,1尺合現在的19.9公分,這

樣孔子的身長約有 1.9 公尺，不愧為「山東大漢」。據《宋書·律志一》記述：「後漢至魏，尺度漸長於古四分有餘。」隨著時間的推移，這些單位都逐漸變長，這可能是統治者為了收稅時搜刮更多而導致的。

古代製作尺子的材料很多，有竹、木、骨、石、鐵、青銅等。這些材料易受外界環境的影響，在製作過程中不可避免產生誤差。現在國際單位制中長度的基本單位是「公尺」。

2. 卡尺

卡尺，又叫游標卡尺（圖4-1），由主尺和副尺（即游標）組成，用來測量長度、內外徑、深度和高度，具有計量和檢驗的作用。卡尺是一種比較精密的測量儀器，精度一般可達 0.05 毫米或 0.02 毫米。如精度為 0.05 毫米的卡尺，是將 19 毫米的長度均分為 20 等份，成為副尺，每格

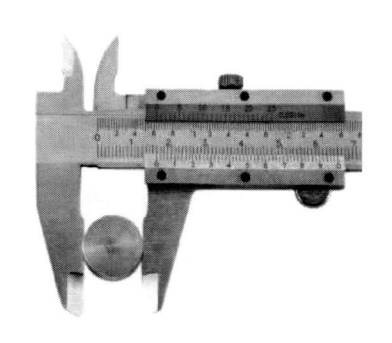

圖 4-1　卡尺

相當於 0.95 毫米，它與主尺每格的差為 0.05 毫米；精度為 0.02 毫米的卡尺，是將 49 毫米的長度均分為 50 等份，每格為 0.98 毫米，它與主尺每格的差為 0.02 毫米。讀數時，將副尺「0」之前的主尺讀數加上副尺與主尺刻度重合位置的讀數乘上卡尺的精度，即為測量值。如圖 4-2 所示，測量某物體外徑，主尺讀數 5 毫米，副尺與主尺刻度重合位置是第 35 條線，則副尺讀數為 0.02 毫米 ×35=0.7 毫米，因而該物體的外徑為 5.70 毫米。用卡尺測量圓形物體的直徑是很方便的。

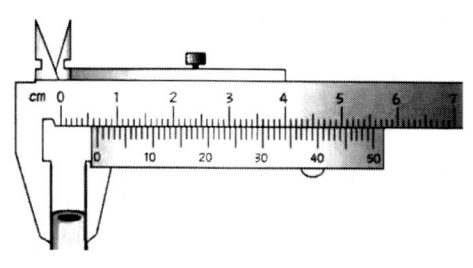

圖 4-2　卡尺的讀數

新莽銅卡尺（圖4-3）是世界上最早的滑動卡尺，因其上鑄有「始建國元年正月癸酉朔日製」字樣，故其鑄造時間為新朝王莽始建國元年(9)。新莽銅卡尺由固定尺和活動尺兩部分組成，兩端均有矩形的

量爪。固定尺正面刻40分格（即4寸），上部有魚鱗形的柄，中間開導槽，滑動尺正面刻有5個寸格（未刻分），量爪與尺身相連處有環狀拉手，引環可使滑動尺移動，當兩尺的量爪靠攏時，固定尺與滑動尺等長，兩尺刻度線基本相對。

美國人羅伯特‧K‧G‧坦普爾在《中國：發明與發現的國度——中國科學技術史精華》中說：

在歐洲，滑尺式測徑器是由皮埃爾‧弗尼爾（Pierre Vernier）於西元1631年傳入的……歐洲最早的測徑規可以肯定不會早於這個年代，雖然頭一個這樣的想法看來在早一個多世紀前義大利畫家李奧納多‧達文西（Leonardo da Vinci）所畫草圖中就已經有了。但是作為完整的滑動測徑器來說，中國人比歐洲人大約早使用1700年。

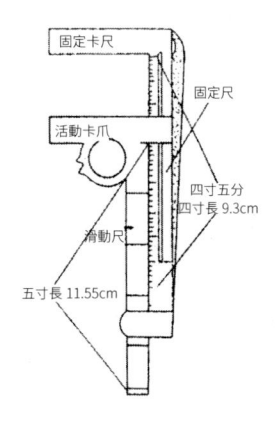

圖4-3　新莽銅卡尺

3. 螺旋測微器

螺旋測微器，又稱千分尺、分厘卡，是一種比游標卡尺更精密的測量工具（圖4-4）。它利用螺旋運動將螺桿的直線位移轉變為套管的角度位移，以測量尺寸。分度值為0.001毫米、0.005毫米的稱為千分尺，如外徑千分尺、槓桿千分尺等；分度值為0.01毫米的稱為百分尺，如外徑百分尺、內徑百分尺、深度百分尺、螺紋百分尺等。

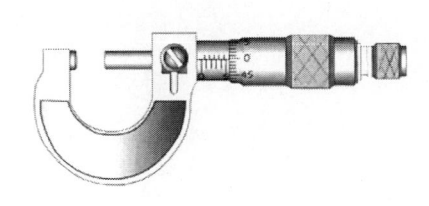

圖4-4　螺旋測微器

4. 千分表

千分表是一種可讀數值為千分之一毫米的精密量具（圖4-5）。它具有指針，利用齒輪傳動原理使測桿的微小直線位移變為表盤指針的角位移。千分

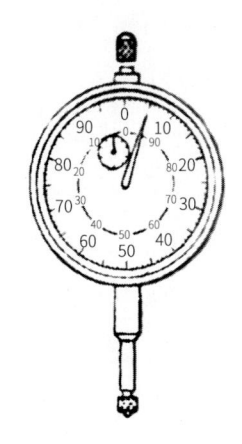

圖4-5　千分表

表常用於測量零件表面幾何形狀偏差和相互位置偏差，也可用比較法來測量尺寸。分度值為 0.001 毫米、0.005 毫米的稱千分表；分度值為 0.01 毫米的稱百分表。

（二）體積（容積）測量儀器

測量物體體積大小或容積多少的器物，如升、斗等。物體可以是固體顆粒（如米等穀物），也可以是液體（如水、油）。在古代，統一度量衡之後，視作計量用具的器物具有法定性質，由官府統一製作分發。

1. 升

升，古代的一種量具，如圖 4-6 所示，也作為量水、量酒等的容量單位，1 升是 1 斗的十分之一。

升是古代糧食生產發展而產生出來的容器，用於交租、納稅、買賣、易物、支付報酬等。《漢書‧律曆志》中說：

> 量者，龠、合、升、斗、斛也，所以量多少也。本起於黃鐘之龠，用度數審其容，以子穀秬黍中者千有二百實其龠，以井水準其概。合龠為合，十合為升，十升為斗，十斗為斛，而五量嘉矣。

圖 4-6 升

中國古代沒有統一的度量標準，直到秦代才統一了度量衡，漢代又進一步制度化。上海博物館藏有一件西元前 344 年前後製造的「商鞅方升」（圖 4-7），是目前所能見到的最早「用度數審其容」的標準量具。經實測，商鞅方升全長 18.7 公分，內口長 12.5 公分，寬 7 公分，高 2.3 公分，容積 202.15 立方公分，器壁三面及底部均刻銘文，反映了中國古代在器械製作及單位制定方面所取得的成就。

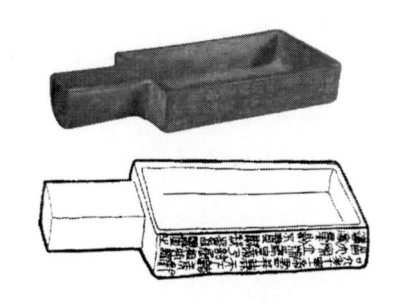

圖 4-7 商鞅方升

2. 斗

斗一般為口大底小的量器,有柄,大多用木製成,也用柳條製作,用來量米,如圖 4-8 所示。斗,亦作為容量單位,1 市斗 =10 市升。

圖 4-8　斗

春秋時,田釐子任齊國大夫。據《史記·田敬仲完世家》記載:「其收賦稅於民以小斗受之,其稟予民以大斗,行陰德於民。」舊社會一些黑心的地主、米行老闆都是「大斗進、小斗出」,即用超大的斗收進糧食,用比較小的斗把糧食賣出,從中漁利。

升斗可用來比喻微薄、少量,如《漢書·梅福傳》記載:「言可採取者,秩以升斗之祿,賜以一束之帛。」升斗也有貧窮、寒微之意,如升斗小民。

3. 斛

斛,口小肚大呈平底方形,是一種有稜角的量器,也是容量單位。古代以十斗為一斛,南宋末年改為五斗為一斛。《漢書·律曆志》云:「斛者,角斗平多少之量也。又量者躍於龠,合於合,登於升,聚於斗,角於斛,職在太倉,大司農掌之。」在江蘇、浙江、安徽的很多地方,1 斛 =2 斗 5 升。唐朝之前,斛為民間對石的俗稱,1 斛 =1 石,1 石 =10 斗 =120 斤。總的來看,古代,斛的概念比較模糊,大小差距頗大。

4. 栗氏量

戰國時,齊人設計了一種標準量器——栗氏量,實物無存,但《考工記》上詳細記載了栗氏量的製作過程及其作用:

> 栗氏為量,改煎金錫則不耗,不耗然後權之,權之然後準之,準之然後量之。量之以為釜,深尺,內方尺而圜其外,其實

一釜。其臋一寸，其實一豆。其耳三寸，其實一升。重一鈞，其聲中黃鐘之宮。概而不稅。其銘曰：「時文思索，允臻其極。嘉量既成，以觀四國。永啟厥後，茲器維則。」

「改煎金錫」，是指銅（「金」）與錫一起熔煉，得到銅錫合金——青銅。青銅熔點低，硬度高，抗腐蝕性強，適合鑄造器皿。鑄成的器皿不易變形、蝕爛，有利於長久保存。《漢書·律曆志》記載：「銅為物之至精，不為燥濕寒暑變其節，不為風雨暴露改其形。」「內方尺而圜其外」，就是用圓的內接正方形來定圓的大小。這可能是因為古代未找到準確測定圓的直徑的方法，用內接正方形來表示，即要確定一個圓，首先定出正方形的尺寸，然後作其外接圓。《周髀算經》中也說：「數之法出於圓方，圓出於方，方出於矩，矩出於九九八十一。」就是這一方法的反映。栗氏量是「用度數審其容」，即給出了長度（「度數」），容量也可以確定，栗氏量實現了長度與容積的統一。這樣做有助於復現標準容器，推廣統一的量值，這是栗氏量設計思想的一個體現。

栗氏量不僅有尺度，有容積，還有「重一鈞」的重量要求，這樣從一個器物上我們得到了度量衡三種單位的準確值。《考工記》還規定了製造栗氏量的工藝流程，如「改煎金錫則不耗」。唐代賈公彥註疏：「重煎謂之改煎。」即反覆熔煉使青銅中的雜質揮發殆盡，這時再去鑄器，可以做到「不耗」。然後「權之」，即秤相應重量的青銅。「準之」，指鑄模符合標準。清代學者戴震在《考工記圖》中認為「準之」是運用了水的比重求量器的體積，以保證鑄成的栗氏量剛好重一鈞。「其聲中黃鐘之宮」，是說鑄成的栗氏量敲擊一下能發出「黃鐘」的宮音。「概而不稅」，表明栗氏量不是作為一般量器使用，而是起標準器的作用。「概」，取平、比較的意思，「不稅」是指栗氏量不用以取賦稅，說明它是一種標準器。栗氏量上的二十四字銘文，也清楚地告訴人們它是一個標準器。

栗氏量的結構大致如圖4-9所示，是一種釜、豆、升三量合一的量器，釜、豆、升、區、鍾都是當時齊國所用的容量單位，它們的換算關

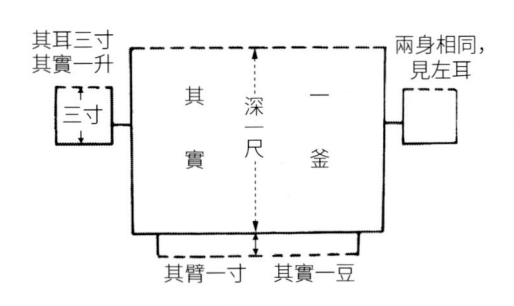

圖 4-9 栗氏量結構示意圖

係為：1鍾=10釜，1釜=4區，1區=4豆，1豆=4升。

5. 新莽嘉量

西漢末年，王莽篡位，為滿足其政治需要，他徵集了當時學識淵博，精通天文、曆法、樂律的學者百餘人，在著名律曆學家劉歆的主持下，考證了歷代度量衡制度，建立了中國古代最系統、最權威的度量衡學說，並監製了一批度量衡標準器，其中最著名的是新莽嘉量（圖4-10）。

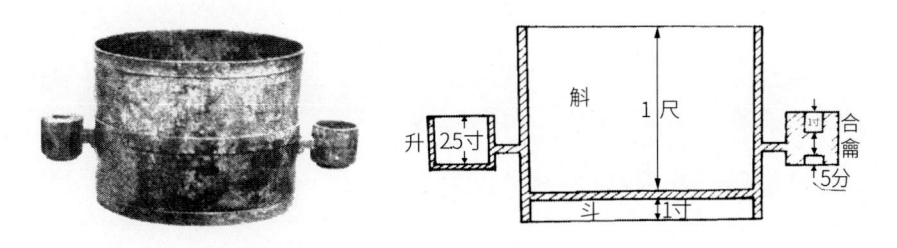

圖 4-10 新莽嘉量　　圖 4-11 新莽嘉量結構示意圖

新莽嘉量是一件五量合一的標準器，用青銅製作，《隋書·律曆志》稱它為「王莽時劉歆銅斛」。它的主體部分為一個大圓柱體，近下端有底（圖4-11），底上方是斛量，底下方是斗量；左側是一個小圓柱體，為升量，器底在下端；右側也是一個小圓柱體，上為合量，下為龠量，底在中央。斛、升、合三量口朝上，斗、龠兩量口朝下，即《漢書·律曆志》所說的「上三下二，參天兩地」。器壁正面有81字的總銘，總銘是：

黃帝初祖，德幣於虞。虞帝始祖，德幣於新。歲在大梁，龍
集戊辰。戊辰直定，天命有民。據土德受，正號即真。改正建

醜，長壽隆崇。同律度量衡，稽當前人。龍在己巳，歲次實沈。初班天下，萬國永遵，子子孫孫，亨傳億年。

單件量器上還各有分銘，分銘是：

律嘉量斛，方尺而圓其外，庣[1]旁九厘五毫，冥百六十二寸，深尺，積千六百二十寸，容十斗。

律嘉量斗，方尺而圓其外，庣旁九厘五毫，冥百六十二寸，深寸，積百六十二寸，容十升。

律嘉量升，方二寸而圓其外，庣旁一厘九毫，冥六百四十八分，深二寸五分，積萬六千二百分，容十合。

律嘉量合，方寸而圓其外，庣旁九毫，冥百六十二分，深寸，積千六百二十分，容二龠。

律嘉量龠，方寸而圓其外，庣旁九毫，冥百六十二分，深五分，積八百一十分，容如黃鐘。

「律」，指黃鐘之律；「嘉」，好的意思；「方尺而圓其外」，這是古代「圓出於方」的定圓方法；「庣旁」，是指正方形角頂端到外圓圓周的一段距離，新莽嘉量斛容 1620 立方寸，如用方尺而圓其外定圓徑，那麼一斛的容積就不合此數，須在正方形對角線兩端各加九厘五毫作圓徑，容積方能符合，所加部分稱為「庣」，見圖 4-12；「冥」同「羃」，指圓面積。「積」，指容積，分銘記有每一種量器的徑、深、底面積的尺寸和容積；《漢書·律曆志》有「其重二鈞」的記載。

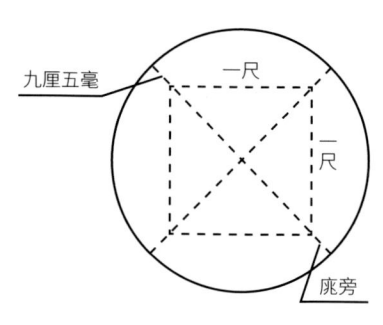

圖 4-12　新莽嘉量庣旁示意圖

由新莽嘉量，除可以得到漢代長度、容量、重量的單位量值外，還可以推算出當時所應用的圓周率為 3.1547，世稱「劉歆率」，比《周髀算經》

---

[1]　庣（ㄊㄧㄠ）：凹下或不滿之處，這裡指新莽嘉量直徑的增添部分。

所用「徑一而周三」前進了一大步。近人劉復將新莽嘉量作了精密測量，推算出王莽時一尺長23.1公分，一升容200毫升，一斤重226.7克。新莽嘉量設計巧妙，銘文詳盡，計算精確，製作精良，堪稱傳世珍寶。

6. 篩

篩是一種分離不同大小顆粒固體的儀器，也是農家常備的工具，收割稻穀、礱穀成米都要用到篩。

元代王禎的《東魯王氏農書譯注》中，稱篩為「篩穀篘」（圖4-13），用竹絲編成，「如籃大而稍淺，上有長繫可掛。農人撲禾之後，同稃、穗、子粒，旋旋貯之於內，輒篩下之。上餘穰稿，逐節棄去。其下所留穀物，須付之揚籃[1]，以去糠秕。嘗見於江浙農家。」

圖4-13 篩穀篘
（採自《東魯王氏農書譯注》）

在宋應星的《天工開物》中也有相關記載，圖中的人正在用篩篩剛從礱中出來的穀米（圖4-14）。

篩除竹絲編製外，在工業應用中改為鐵絲、銅絲編製，用篩可區分顆粒大小不等的礦石，篩除舊砂中的砂塊、雜物，以再利用。現在根據需要，製成了擺動篩、振動篩、迴旋篩、共振篩及概率篩等。

圖4-14 木礱
（採自《天工開物》）

(三) 質量和重量測量儀器

質量和重量是不同的概念，各有專門的儀器測量，不能混為一談。質量最初作為「物質多少的量」引入，現分為慣性質量和引力質量，實驗證明，這兩種質量大小相等，所以不再區分，統稱為質量，國際單位為公

---

[1] 揚籃：是簸揚穀物中雜物的農具，形如半邊籃，又像簸箕，多用竹篾編製而成。執此物向風擲之，可得淨穀。

斤。當物體的運動速度接近光速時，又有靜止質量和運動質量之分。當物體運動速度比光速小得多時，可以把物體的質量視為不變的量。

重量是一種力，即「重力」，是地球表面附近物體所受到的地球引力。受地球自轉影響微小，同一物體在地球上不同緯度和高度，所受重力稍有不同，愈近兩極或愈近地面，重力愈大一些。在廣義上，任何天體使物體向該天體表面降落的力，都稱「重力」，如月球重力、火星重力等。重量的國際單位為牛頓。

1. 天平

天平是用來秤量物體質量的儀器，根據槓桿平衡原理製成，分等臂式和不等臂式兩類，如圖4-15和圖4-16所示。以等臂天平為例，如圖4-17所示，設L_1為重臂長，L_2為力臂長，根據槓桿平衡原理有：$m_1gL_1=m_2gL_2$，式中m_1為物體的質量，m_2為天平砝碼的質量。因為是等臂天平，有$L_1=L_2$，故$m_1=m_2$，即物體的質量m_1等於天平砝碼的質量m_2。

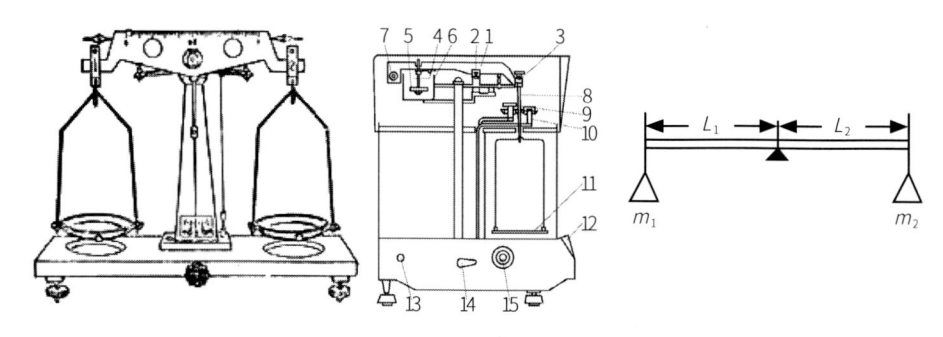

圖4-15　等臂天平　　　圖4-16　不等臂天平　　　圖4-17　等臂天平原理圖
1.橫梁 2.支點刀 3.承重刀 4.阻尼片 5.配重砣
6.阻尼筒 7.微分標尺 8.吊耳 9.砝碼 10.砝碼托
11.秤盤 12.投影螢幕 13.電源開關 14.停動手鈕
15.減碼手鈕

天平有一般秤量用的粗天平和精確秤量用的分析天平。按式樣分有（1）架盤天平，俗稱粗天平（圖4-18），如物理天平、托盤天平。（2）普通分析天平（圖4-19）。（3）阻尼天平，裝有阻尼器，能使平梁很快停止擺動。（4）單盤讀數天平，俗稱自動分析天平。（5）自動加碼天平，俗稱

電光分析天平等。按照秤量範圍，分析天平可分為常量分析天平（秤量範圍為 0.1 毫克至 100 克）、微量分析天平（秤量範圍為 0.001 毫克至 20 克）和秤量範圍介於兩者之間的半微量分析天平。此外還有超微量分析天平，後者靈敏度可達 0.01 微克，最大秤量為 1 毫克。

物理天平　　　托盤天平　　　圖 4-19　普通分析天平

圖 4-18　粗天平

天平是衡器的一種，中國古代的秤桿，名之為「衡」。先秦時期編著的《九章算術·方程》中說：「今有五雀六燕，集稱之衡，雀俱重，燕俱輕，一雀一燕交而處，衡適平。」意思是有五隻麻雀和六隻燕子，放在天平的兩端，雀重燕輕；各取一雀一燕互換位置，兩邊恰好平衡。《荀子·禮論》：「衡誠縣矣，則不可欺以輕重。」意思是使用了秤，就不能用輕重來糊弄人了。春秋中晚期，商業比較發達的楚國已能製造小型衡器——木衡與銅環權，用來秤量黃金貨幣，完整的一套銅環權共有 10 枚：1 銖、2 銖、3 銖、6 銖、12 銖、1 兩、2 兩、4 兩、8 兩、1 斤。早期的衡桿（天平橫梁）多為竹、木質，易腐朽，在考古發掘中發現較少，其中 1954 年在湖南長沙左家公山戰國楚墓中出土了木衡和銅環權（圖 4-20）。木衡桿長 27 公分，橫梁中點穿絲線提紐，離桿端 0.7 公分處有一盤，盤的直徑 4 公分，共有 9 個銅環權。中國歷史博物館藏

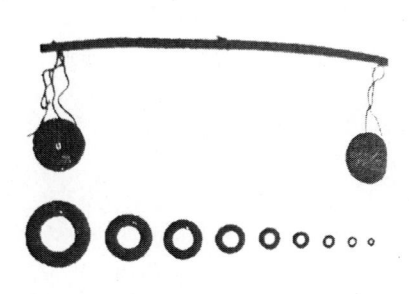

圖 4-20　戰國楚墓出土的木衡和銅環權

有一支戰國時期的銅衡桿，這支衡桿不同於天平，也不同於後來的秤桿，與不等臂天平類似。經過演變，衡桿的重臂縮短，力臂加長，成了現在使用的桿秤。

1978年，在河北易縣燕下都的戰國墓葬中出土了一批金飾，其中八件背面刻有極細的記重銘文，是當時秤量後的記錄，如「二兩二十三朱（銖）四分朱一」、「四兩十六朱三分」等。今用精密天平檢驗，以八件的平均值折算，每銖合0.645克，每兩合15.48克，每斤合247.70克，與當時楚國、秦國每斤的單位量值接近，可見當時的天平製作已十分精密。

2. 桿秤

桿秤，簡稱秤，是測定物體質量的器具（圖4-21），根據槓桿平衡原理製成，即：重力 × 重力臂 = 動力 × 動力臂，也可寫成 $W×l_1=F×l_2$。它由秤桿、秤砣、秤盤（秤鉤）、提紐等組成。

桿秤，民間傳說係魯班發明，另一種說法為春秋末年越國大夫范蠡所創製。范蠡從一個魚販子那裡得到啟示，魚販子用竹竿挑魚，一頭放水桶，另一頭放魚，他利用槓桿原理製成桿秤，後來他根據天上北斗七星和南斗六星，在秤桿上刻製了十三顆星花，定十三兩為一斤，後又增添「福祿壽」三星，由此改十六兩為一斤。

圖4-21 桿秤

桿秤大小不等，大秤一次可秤幾百斤，小秤只能秤幾斤幾兩。有種「銅盤秤」，是為做小生意秤散貨用的，還有藥店裡秤中草藥的小秤，它們都十分靈巧實用。1950年代，為計算方便，中國把十六兩為一斤改為十兩為一斤。

1989年，在中國陝西眉縣常興鎮堯上村的一座漢代單窯磚墓中，出土了完整的木質桿秤遺物，經鑑定其製作時間在西元前1世紀到西元1世紀。

秤砣,也稱「權」,是桿秤的重要組成部分,俗話說:「秤砣壓千斤。」《漢書·律曆志》中說:「權者,銖、兩、斤、鈞、石也,所以稱物平施,知輕重也。」中國歷史博物館藏有趙國徵收賦稅的銅石權(圖4-22),器上有銘文,大意是:成公朔任司馬,設計監製銅權,委託校(夔),下庫工師(孟),以及關師等主造,要求以兩個半石甾(一種容器)來校準一平石(一石為一百二十斤)。這種為徵收賦稅專門製造的衡器已發現多件。

圖4-22　趙國徵收賦稅的銅石權

西元前221年,秦王嬴政統一天下後,立皇帝稱號,統一度量衡,頒布度量衡標準器,統一度量衡的命令以詔書的形式佈告天下:

廿六年,皇帝盡并兼天下諸侯,黔首大安,立號為皇帝,乃詔丞相狀、綰,法度量則不壹,歉疑者皆明壹之。

刻有秦始皇詔書的銅權在中國各地多有出土(圖4-23)。

圖4-23　秦始皇銅權

3. 機械磅秤

機械磅秤是根據不等臂槓桿原理製成的,由承重裝置、讀數裝置、基層槓桿和秤體等部分組成(圖4-24)。讀數裝置包括增砣、砣掛、計量槓桿等。基層槓桿由長槓桿和短槓桿並列連接而成。秤量時力的傳遞系統是:在承重板上放置被秤物時,其4個分力作用在長、短槓桿的重點刀

圖4-24　機械磅秤

上，由長槓桿的力點刀和連接鉤將力傳遞到計量槓桿重點刀上，通過手動加、減增砣和移動游砣，使計量槓桿達到平衡，即可得出被秤物質量示值。

4. 電子秤

電子秤，也稱電子臺秤，如圖 4-25 所示。它是秤量物體質量的一種電子衡器，一般由感測器、測量電橋、放大器、轉換和顯示裝置等部分組成。感測器大多採用電阻應變式和半導體應變式。一組應變片黏貼在彈性物體上，當重物使彈性物體變形時，應變片的電阻值發生變化，測量電橋失去平衡，輸出信號，此信號即表示該重物的質量，再通過放大、轉換，最後在顯示裝置上顯示出來。

圖 4-25　電子秤

（四）測時儀器

測時儀器指時間的計量儀器，包括時間間隔和時刻兩方面，前者指物質運動經歷的時段，後者指物質運動的某一瞬間。中國古代在未有時脈之前，依據許多事物的運動現象測定時間或時刻。如太陽的東昇西落，表示一天，「日上三竿」表示早上八九點鐘，還產生了許多催人奮進的關於時間的諺語，如「一年之計在於春，一日之計在於晨」、「一刻值千金」、「寸金難買寸光陰」、「機不可失，時不再來」等。

1. 漏壺

漏壺又名漏刻、刻漏、壺漏，是古代利用漏水或受水的方法計時的一種儀器。漏壺分兩種，一種是單壺，如圖 4-26 所示，只有一個儲水壺，水壓變化大，計時精度低（約一刻）；另一種是複壺，有兩個或兩個以上的儲水壺，如圖 4-27 所示。

單壺，中國和埃及均有出土。中國發現的有陝

圖 4-26　單壺

西興平漏壺、河北滿城漏壺和內蒙古伊克昭盟漏壺。其中在內蒙古伊克昭盟出土的一隻單壺最為完整，漏壺作圓桶形，下有三蹄形足，壺身近底處有一圓柱形流管，與壺壁成25°傾斜角伸出，管端緣有一周凹槽，還有一個直徑0.31公分的小孔。壺上有蓋，蓋上有雙層提梁，兩層提梁及蓋上均有上下相對的長方形孔，以安插「刻箭」。壺內底上鑄有陽文「千章」二字，壺身外面的流管上，陰刻銘文：「千章銅漏一，重卅二斤，河平二年四月造。」上層提梁上陰刻「中陽銅漏」四字。由此可知，該漏壺是西漢成帝河平二年（前27）四月在千章縣製造，後來為中陽縣所有。經測驗該漏壺在10刻以內尚準確，10刻之外就會出現極大的誤差。這也說明這種單壺不宜用作全天候計時，只適合記錄無時序的時間長度。

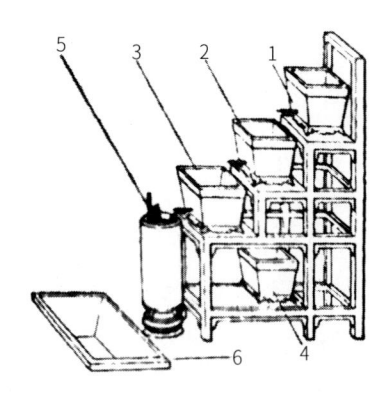

圖4-27 複壺
1.日天壺 2.夜天壺 3.平水壺
4.分水壺 5.萬水壺 6.退水壺

　　在單壺基礎上再加一隻儲水壺，就成為複壺。東漢的張衡使用過這種漏壺。唐朝的呂才設計了四隻一套的漏壺，即夜天池、日天池、平壺、萬分壺，最下面的受水壺叫水海。水從夜天池遞次而下，流入水海，水海裡立著一個銅人，拿著有刻度的浮箭。北宋的燕肅又在中間一級壺的上方開一小孔，讓上面來的過量水從這裡流出去，使水位保持穩定，提高了計時的準確性，這種漏壺叫蓮花漏，當時風行各地。元代延祐年間（1314—1320）製造的漏壺，由四隻銅壺組成，自上而下互相疊置而成，上面三壺底部都有小孔，最上一壺裝滿水後，水即逐漸流入以下各壺，最下一壺內裝一直立

圖4-28 守時的官員
（採自《時間及其計量》）

浮標,上刻時辰,浮標隨水的注入而上升,由此可知道時辰。《周禮·夏官》已有設官管漏壺的記載(圖4-28),可見中國早在周代已使用漏壺測定時刻。到了明代,鐘錶普及以後,漏壺才廢棄不用。

2. 秤漏

秤漏,是一種特殊的漏壺,是用中國秤秤量流入受水壺中水的質量來進行計時的儀器(圖4-29),由北魏時道士李蘭發明。它只有一隻供水壺,通過一根虹吸管將水引到一隻受水壺(稱為權器)中。權器懸掛在秤桿的一端,秤桿的另一端則掛有砣。當流入權器中的水為一升時,質量為一斤,時間為一刻,其基本思想是以供水壺流出的水的質量作為計時標準,以秤桿作為顯時系統。秤漏的巧妙之處在於它的穩流系統可以基本保證虹吸管在供水壺中的浸入深度恆定,從而使流量恆定。據測定,秤漏的日誤差不大於一分鐘,由於這個原因,隋朝以後秤漏基本成為官方的主要計時器,直到北宋正式採用燕肅的蓮花漏。

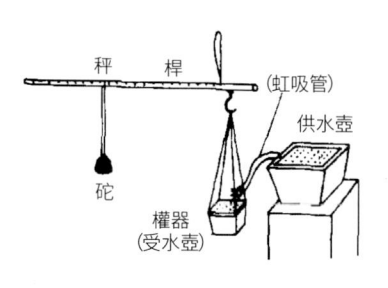

圖4-29 秤漏

3. 沙漏

沙漏,也叫沙時計、沙鐘(圖4-30),以沙從一容器漏到另一個容器的數量來計量時間,其製法與漏壺相似。北方天寒易凍,故以沙代水。元代詹希元發明了一種複雜的沙漏,稱「五輪沙漏」。這種沙漏是用流沙作動力的機械鐘,通過流沙推動齒輪組,使指針在時刻盤上指示時刻。沙漏的準確度與沙粒的均勻性有關,要求頗為嚴格,沙粒要求是同一種沙粒,並保持乾燥,這樣才不會發生板結而把器皿中狹窄的管道堵住的情況。

圖4-30 沙漏

4. 火鐘

火鐘是一種計量時間間隔的工具，是利用燃燒預定的燃料，據其燃燒長度或所耗燃料量來計時的。中國古代的火鐘，常用一些特殊樹木（如樟木、檀香等）的木屑研成粉末，和以香粉，揉成條狀，長的可達幾公尺，可燃燒月餘（圖 4-31）。中國古代還有一種「火鬧鐘」，用長木塊做成龍舟形的小船，鏤空船身，中間懸空放置一條細細的長香，船的中段布一根細線，線的兩端各拴一個鋼球，把長香的一端點燃，當長香燒到線的時候，線被燒斷，兩個小鋼球便落到小船下面的金屬盆裡，發出叮噹聲，猶如鬧鐘（圖 4-32）。

圖 4-31　火鐘
（採自《時間及其計量》）

圖 4-32　火鬧鐘

5. 時脈、錶

機械時脈也稱自鳴鐘，早期的機械時脈是利用重錘降落的重力做功，使指針轉動，這種鐘的工作原理是在一根水平軸上繞一條長長的繩子，繩子末端繫著一個重錘，重錘拉著繩子，繩子解開下降，並使水平軸轉動，水平軸通過齒輪和指針相連，重錘下降，指針轉動。當重錘降落到最低位置時，鐘就會停止工作，這時，須將重錘提升，讓繩子重新繞在水平軸上，鐘又開始工作（圖 4-33）。這種鐘使用不便，精度不高，後來改用彈簧（俗稱「發條」）驅動，不僅使用方便，精度也大為提高。

發條的出現使鐘有了新的動力來源，為鐘的小

圖 4-33
重錘式機械鐘

型化奠定了基礎，後以此為基礎製造出了可以攜帶的袋錶，也稱為袋錶（圖4-34）。19世紀中葉，有人開始將掛錶裝上皮帶，戴在手腕上使用，後經逐步改進，縮小體形，美化形式，發展成為手錶。早先為機芯結構品質較差的「粗馬錶」[1]，後來逐步造出精度較高、

圖4-34　袋錶

經久耐用、採用寶石為軸承的「細馬錶」[2]，並出現自動錶、日曆錶、潛水錶、耐高壓錶、耐真空錶、鬧錶和盲人錶等種類。在20世紀中葉，又製成了用電池供能的電子錶，並進一步發展出音叉震盪式、石英震盪式和數位顯示式等種類。

　　一般人認為鐘錶是「舶來品」，這是一個錯誤的認識。從鐘錶發展的歷史看，鐘錶是在中國首先製成，後傳至歐洲並普遍發展起來的，英國的李約瑟博士曾說：「中國乃是世界機械鐘錶的祖先。」

　　三國時（220—280），天文學家陸績根據東漢張衡的水運渾天儀創製了大型天文計時儀器。就是在這些儀器不斷發展的過程中，逐步誕生了鐘錶中的重要機構——擒縱機構的雛形。世界上第一個擒縱機構是中國唐代天文學家一行發明的。在北宋蘇頌、韓公廉創製的水運儀象臺上也能找到高精度的擒縱機構。

　　擒縱機構如圖4-35所示，它是一種機械能量傳遞的開關裝置。這個開關受計時基準的控制，以一定的頻率開關鐘錶的主傳動鏈，使指示停動相間並以一定的平均速度轉動，

圖4-35　擒縱機構

---

[1] 粗馬錶：亦稱「鐵絲馬錶」。採用銷釘式擒縱機構的錶。銷釘用鋼絲做成，易磨損，精度和傳動效率均較低。

[2] 細馬錶：採用叉瓦式擒縱機構的錶。叉瓦用寶石製成，精度和傳動效率較高。

第四章　力學儀器

從而指示準確的時間。

擒縱機構的功能可以從兩方面理解：擒，將主傳動的運動鎖定（擒住），此時，鐘錶的主傳動鏈是鎖定的；縱，就是以震盪系統的一部分勢能開啟（放開）主傳動鏈運動，同時從主傳動鏈中取回一定的能量以維持震盪系統的工作，所以擒縱機構是現代機械鐘錶的核心。

清乾隆、嘉慶年間（1736—1820），朝廷在內務府設立了做鐘處，在蘇州設立了製鐘作坊，圖4-36為當時宮廷內務府造辦處製造的時辰醒鐘，該鐘直徑12.5公分，厚7.5公分，表盤按傳統的一日十二時辰製作，內部結構與機械時脈相似。

圖 4-36　時辰醒鐘

北京故宮博物院有一鐘錶館，珍藏著許多珍貴的鐘錶。如圖4-37所示的黑漆彩繪樓閣群仙祝壽鐘，這座鐘古樸典雅，工藝考究，做工精細，是乾隆時期的代表作。另有一座銅鍍金仙猿獻壽麒麟馱鐘，該鐘整體由上、中、下三層組成。上層麒麟背負三針時脈，中間正面似一個舞臺，一到正點，幕布拉開，兩旁的仙猿上下挪動手臂做獻桃狀，中間的一隻仙猿獻上壽桃。下層是樂箱，時間一到，就會奏響音樂，設計可謂精妙絕倫。

圖 4-37　黑漆彩繪樓閣群仙祝壽鐘

（五）簡單機械

簡單機械是人運用力的基本機械元件，包括槓桿、滑輪、輪軸、斜面和尖劈等。在實驗室中也有相關模型，供演示之用，亦屬於演示儀器。

1. 槓桿

一根在力的作用下可繞固定點轉動的硬棒叫槓桿，亦稱撬棒，槓桿是好多簡單機械的基本構件，如桿秤、剪刀、羊角錘等。槓桿的固定點稱

· 49 ·

支點（O），槓桿的受力點稱重點（B），槓桿的用力點叫力點（A），支點（O）到動力作用線的垂直距離（L_1），稱為動力臂（也叫力臂），支點（O）到阻力作用線的垂直距離（L_2），稱為阻力臂（也叫重臂）（如圖4-38）所示，當槓桿平衡時，有$F \times L_1 = G \times L_2$，即力×力臂＝重×重臂，或動力×動力臂＝阻力×阻力臂。

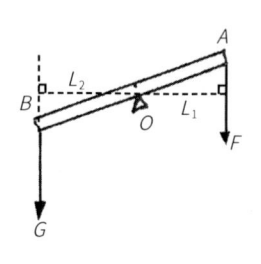

圖4-38　槓桿原理圖

　　槓桿的使用或許可以追溯至原始人時期。那時，原始人用木棒和野獸搏鬥或用它撬石頭時，他們實際上就是在應用槓桿原理。在戰國時代，墨子將其歸納在他的《墨經》中。

　　《墨經·經下》記載：「負而不撓，說在勝。」

　　《墨經·經說下》記載：「負，衡木加重焉而不撓，極勝重也。右校交繩，無加焉而撓，極不勝重也。」

　　「負」，指負荷，即重物；「撓」通「橈」，指彎曲，「不撓」，即不偏斜；「勝」，任也。衡木一邊雖然加了重物，但並不發生偏斜，仍保持平衡，那是因為衡木的另一邊有權在，且權的力矩與重物的力矩相當，故「負而不撓」。

　　「衡木」指桿秤，「交」通「絞」，「絞繩」指桿秤的提紐，右校指把支點向右移。衡木（桿秤）的一端加上重物而「不撓」，是由於另一端加有「極」，且「極」的轉矩足以勝任重物的轉矩。如果將提紐移近「極」端（改變支點），即使不加重物，衡木也會偏轉。這是因為「極」的轉矩不能勝任重物的轉矩。三國時，天平中間的提紐從中間移至一端，出現了提紐桿秤的雛形。

　　《墨經·經下》記載：「衡而必正，說在得。」

　　《墨經·經說下》記載：「衡，加重於其一旁，必捶，權重相若也。相衡，則本短標長。兩加焉，重相若，則標必下，標得權也。」

　　《管子·霸言篇》有「大本而小標」之說，「本」，為樹的下部，「標」

為樹梢。墨家用來比喻桿秤,把桿秤掛重物的一端稱為「本」,把掛秤砣的一端稱為「標」。平衡必然端正平穩。對一平衡狀態的槓桿來說,任意一端施加力,這一端必然下垂,因為原來槓桿兩端的力矩相等,處於平衡狀態。對一端加力,就破壞了平衡。如果槓桿處於平衡狀態,兩邊物體離支點的距離不相等,一短一長,那麼兩邊同時加添相同的力,那麼離支點較遠的一端,必然會下垂,因為離支點較遠的那端,力臂更長,力矩更大。

《墨經》這兩條所討論的問題,雖然沒有用數學形式表達出來,但所涉及的槓桿平衡原理,要比古希臘學者阿基米德發現這一原理早約200年。

桔槔(圖4-39)是槓桿原理在古代農業上的重要應用。戰國時莊子在《莊子·天地篇》中就有關於桔槔的記載:「鑿木為機,後重前輕,挈水若抽,數如泆湯,其名為槔。」《莊子·天運篇》又載:「且子獨不見桔槔者乎?引之則俯,舍之則仰。」

西漢劉向在《說苑·反質》中說:「為機,重其後,輕其前,命曰橋。」「橋」,就是桔槔。

元代的王禎在其《東魯王氏農書譯注》中記載:「挈水械也。《通俗文》曰:機汲水也。《說文》曰:桔,結也,所以固屬。槔,皋也,所以利轉。又曰:皋,緩也。一俯一仰,有數存焉,不可速也。然則『桔』其植者,而『槔』其俯仰者歟?……今瀕水灌園之家多置之。實古今通用之器,用力少而見功多者。」

圖4-39 桔槔
(採自《東魯王氏農書譯注》)

明代徐光啟在其《農政全書》中也寫道:「湯旱,伊尹教民田頭鑿井並以溉田,今之桔槔是也。」

從中國早期發現的桔槔圖中可以明顯地看出人們對槓桿原理的應

用。如山東漢代武梁祠中的畫像石上，就有一幅人們操作桔槔的汲水圖，如圖4-40所示。

圖4-40　漢代武梁祠畫像石中的桔槔汲水圖

在軍事上，在戰國時期，在桔槔基礎上發展出一種拋石機（如圖4-41所示）。拋石機也叫砲，是中國古代戰爭中使用的一種用以拋射石彈的大型遠射兵器。據宋代《武經總要》記載：

> 砲以大木為架，結合部用金屬件連接，砲架上方橫置可以轉動的砲軸，固定在軸上的活動槓桿稱為「梢」……梢的前端繫皮窩，用來放置石彈；後端繫索，索長數丈。小型砲有索數條，大型砲多達百條以上，每條索由1~2人拉拽。施放時，由1人瞄準定放，拽索人同時猛拽砲索，砲梢後端下墜，前端甩起，皮窩中的石彈靠慣性拋出。

圖4-41　拋石機
（採自《武經總要》）

拋石機出現於戰國初年，一直使用至元代末年。元朝末年後，由於火炮發展起來並日益廣泛應用，砲逐漸減少，最終退出了戰爭舞臺。

2. 滑輪

滑輪是一種用於起吊重物的工具，分為定滑輪（圖4-42）和動滑輪（圖4-43）兩種，定滑輪不隨重物移動，只改變力作用的方向；動滑輪隨

重物一同運動，用以省力。由定滑輪與動滑輪組成的組合機械稱為滑輪組（圖4-44）。應用滑輪的吊掛式起重機械，俗稱滑車，也叫「葫蘆」。用人力驅動的稱「手動葫蘆」，用電力驅動的稱「電動葫蘆」。

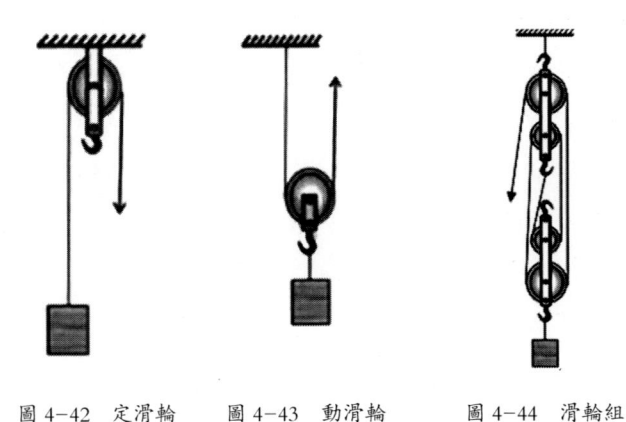

圖4-42　定滑輪　　圖4-43　動滑輪　　圖4-44　滑輪組

圖4-45　商代銅嶺木滑車
（採自《銅嶺古銅礦遺址發現與研究》）

滑輪產生的時間應不晚於殷商。在殷商時代中國出現了帆船，張帆時在桅桿頂端需要安裝滑輪，沒有滑輪張帆很難實現。當時，滑輪已廣泛使用於建築和採礦業中。1988年，在江西瑞昌銅嶺的古銅礦遺址中，發掘出木滑車（圖4-45），經測定為商代中期之物。

在四川成都羊子山漢墓中，出土過一塊繪有井鹽生產全景圖的畫像磚，磚上有兩人合力利用滑輪汲取鹵水的畫面（圖4-46）。

山東漢代武梁祠中也有一塊畫像石，畫的是秦始皇泗河撈鼎的故事（圖4-47），畫中也有滑輪。這充分表明那時候已普遍使用滑輪。

傳說，魯班曾用滑輪為季康子葬母下棺，也

圖4-46　利用滑輪
汲取鹵水圖

曾使用滑輪為楚國製造雲梯。

戰國時，墨子對滑輪的功能做過深入的研究，並在《墨經》中有詳細的分析。

3. 輪軸

輪軸是由相互固定的輪子和軸組成的槓桿類簡單機械，輪子和軸能繞同一軸線轉動（圖4-48）。若在輪子的邊緣上用力，使輪子轉動，軸就隨著輪子轉動。輪子和軸的半徑相差愈大就愈省力。常用搖臂代替輪子，使結構簡化並便於工作。轆轤和絞盤都是輪軸類機械。

圖4-47 秦始皇泗河撈鼎圖

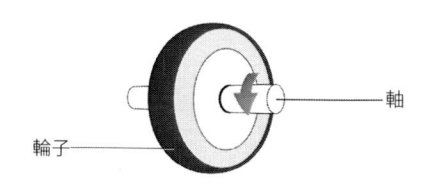

圖4-48 輪軸

據宋人高承的《事物紀原》記載：「史佚始作轆轤。」史佚是周初的史官。到春秋時期，轆轤就已經流行。轆轤的製造和應用在古代是和農業軍事緊密結合的。它廣泛地應用在農業灌溉上。《廣韻》記載：「轆轤，圓轉木，用以汲水。」1974年，在湖北大冶銅綠山春秋戰國時期古銅礦遺址中首次出土了木轆轤（圖4-49）。

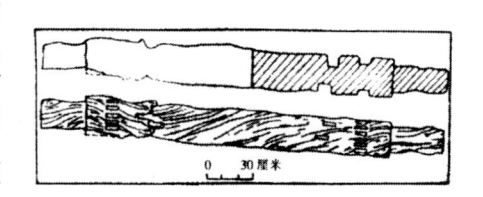

圖4-49 戰國銅綠山木絞車軸（採自《銅綠山古礦冶遺址》）

轆轤在軍事上亦有應用，《墨子》中提及的「誳勝車」就是一例：

有誳勝，可上下。為武重一石，以材大圍五寸。矢長十尺，以繩繫矢端，如弋射，以磨鹿卷收。矢高弩臂三尺，用弩無數，出人六十枚，用小矢無留。十人主此車，遂具寇，為高樓以射道，城上以荅羅矢。

《墨子》中講的「誳勝車」，是發射箭的一種裝置，以繩子繫箭尾，通過轆轤回收發射出去的箭。「磨鹿」就是轆轤。

北宋曾公亮等人在《武經總要》中記述：

渡泛溢及入山谷，逢水暴漲，止則無舍，濟則無舟。太公對周武王，以飛橋轆轤越溝塹，飛江天艎濟大水，而不顯制度，無以追究。

可見周武王時，已用轆轤架設飛橋。

中國古代的詩詞中也常常提及轆轤。如五代南唐中主李璟在《應天長》中有「柳堤芳草徑，夢斷轆轤金井」之句；宋代的歐陽脩在《蝶戀花》中也有「紫陌閒隨金勒轆，馬蹄踏遍春郊綠」的描寫。

曲柄搖把（圖4-50）是輪軸的發展，大約出現於西元前2世紀，被廣泛應用於農業和工業中。

圖4-50　曲柄搖把

4. 斜面

斜面常指與水平面成一角度的平面（圖4-51）。沿斜面推或拉一重物，使它沿斜面向上移動時，比使重物沿豎直升高相同高度要省力，但並不省功。斜面長是斜面高的幾倍，沿斜面的推力就是物體重力的幾分之幾。可見，使物體升高相同的高度，斜面越長越省力。斜面與水平面的夾角愈小，升高重物愈省力。例如，有坡度的路面可視為斜面，在坡度較小的路面上行走時比較省力。

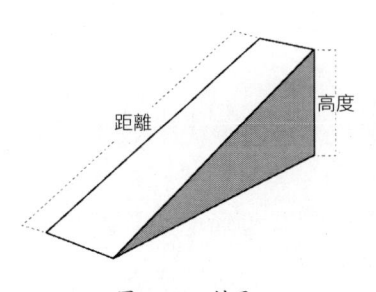

圖4-51　斜面

一般認為，斜面在舊石器時代即已出現。

戰國時期，墨子所著《墨經》一書中就有斜面與其省力原理的敘述。戰國末期思想家、教育家荀況在《荀子‧宥坐》中寫道：

三尺之岸而虛車不能登也，百仞之山任負車登焉，何則？陵遲故也。

意思是人不能將空車子舉上三尺之岸，卻可以將滿載的車子拉上

山,這是因為山坡緩延的緣故。這是荀子對斜面性質的認識。

對斜面可以省力原理的應用,在人們的日常生活中到處可見,且不可或缺,如上樓的樓梯、上山的盤山公路。

5. 尖劈

尖劈簡稱劈,也稱楔,是一種以小力發大力的斜面類簡單機械。尖劈由兩斜面(劈面)合成,如圖4-52,上為劈背,下為劈刃。設以力Q施於劈背,則作用於被劈物體的力為Q的兩個分力為P和P',且$P'=P$,根據斜面原理,P(或P')與Q大小之比等於劈面長度和劈背的厚度之比,即

$$\frac{P}{Q}=\frac{L}{d}$$

圖4-52 尖劈

式中L為劈面長度(即ac之長),d為劈背的厚度(即ab之長)。由此可見,劈背越薄,劈面越長,就越省力。常見的刀、斧、鑿、刨等都屬於這一類。

中國在石器時代,已有劈類工具,如石刀、石斧、石簇等,這是尖劈產生的基礎。

在日常生活中,尖劈常用於劈木頭,如圖4-53所示;在手工業中,如古式榨油,也要用到尖劈。在建築施工中,人們常在木質構件之間打入木楔,用以糾偏。唐代李肇在《唐國史補》中記載了一則故事:

圖4-53 用尖劈劈木頭

蘇州重玄寺閣,一角忽墊,計其扶薦之功,當用錢數千貫。有遊僧曰:「不足勞人,請一夫斫木為楔,可以正也。」寺主從之。僧每食畢,輒持楔數十,執柯登閣,敲斲其間,未逾月,閣柱悉正。

僧人將木楔敲入構件之間，使得寺閣的梁柱平正直立。可見，當時人們已懂得將木楔敲入構件之間能起到加固的作用。

（六）力的測量及相關儀器

力，是物體間的相互作用的一種表現。凡能改變物體靜止或勻速直線運動狀態和使物體發生形變的作用都稱為力。戰國時，墨子在《墨經》中說：「力，形之奮也。」意思是力是使物體由不動變為動的原因。經典力學的奠基人英國的牛頓，用 $F=ma$ 來表示力與物體產生的加速度的關係，這其實是用數學形式闡釋了墨子的話。

力有很多種，例如物體間的萬有引力、相互接觸的物體做相對運動時出現的摩擦力、物體產生形變時的彈力、電荷之間的靜電力等。於是人類發明了許多儀器來測定力及有關力的現象。

1. 彈簧秤

彈簧秤是現代實驗室中測力的主要儀器，分為壓力和拉力兩種類型。壓力彈簧秤的托盤承受的壓力等於物體的重力，秤盤指針旋轉的角度表示所受壓力的數值。拉力彈簧秤如圖 4-54 所示。拉力彈簧秤的下端為掛鉤，掛重物之用，彈簧上端固定在殼頂的環上。將被測物體掛在掛鉤上，彈簧伸長，而固定在彈簧上的指針隨即下降。在彈性限度內，彈簧的伸長量與所受力成正比，即

圖 4-54 拉力彈簧秤

$$G=k\Delta x$$

式中 G 為物體的重力；k 為拉力彈簧秤的彈性係數，是一個常量；Δx 為彈簧掛重物後的伸長量。這樣，物體的重力可以從拉力彈簧秤指針指示外殼上的標度數值直接讀出來。

使用彈簧秤要防止指針卡在外殼上，注意彈簧秤指針與外殼的摩擦，以免誤差過大。彈簧秤結構簡單，使用方便，但秤量精度不夠，是由

於彈簧有彈性滯後且會受溫度等外界條件的影響。

2. 鉛錘

鉛錘是一種由金屬鑄成的圓錐形的物體，是用於檢驗建築牆體是否豎直和航海中探測海水深度的簡單儀器。

地球上及其附近的物體都要受到地球的引力，方向豎直指向地心。鉛錘正是應用了這一原理。在建築業中，建築工人常常用到鉛錘，如圖4-55所示。牆體與鉛垂線標準一致時，表明牆體是直立的。這是大地測量和工程測量的基準之一。

圖4-55 鉛錘

在航海中，可用鉛錘測海水的深度，作為航行糾偏及停泊寄碇時的輔助工具。如北宋龐元英在《文昌雜錄》中記載：「鴻臚陳大卿言：昔使高麗，行大海中，水深碧色，常以鑞（鉛與錫的合金）碇長繩沉水中為候，深及三十托已上，舟方可行。既而覺水色黃白，舟人驚號，已泊沙上，水才深八托。」可見鉛錘在航海中的應用。

3. 弓力的測定

弓力的測定，其實就是彈力的測定。弓箭是中國古代的遠程兵器。弓上的箭的射程的遠近，主要取決於弓的彈力的大小，古代弓力以石、鈞為單位，一石相當於一百二十斤，一鈞相當於三十斤。唐代羅隱《登夏州城樓》詩中說：「好脫儒冠從校尉，一枝長戟六鈞弓。」據《梁書·羊侃傳》記載：「侃少而雄勇，膂力絕人，所用弓至十餘石。」明朝的宋應星在《天工開物》中記載：「凡造弓視人力強弱為輕重。上力挽一百二十斤，過此則為虎力，亦不數出。中力減十之二三，下力及其半。」明朝，軍中標配的弓箭，合當今60公斤，體弱者能開的弓合當今30公斤，強健者能開約70公斤的強弓。清朝的弓箭由前朝發展而來，使用的弓的拉力達到70公斤以上，弓身達到1.8公尺。

在東漢時，鄭玄已正確指出了弓的彈性規律，並得出結論：「每加物一石，則張一尺。」唐代的賈公彥對鄭玄的結論又作出了進一步解釋：「乃加物一石張一尺，二石張二尺，三石張三尺。」可以看出，鄭玄和賈公彥的論證是很樸素簡明的。如果用數學公式表示，即

$F=kx$

式中 F 為弓的彈力，k 為弓的材料的彈性係數，x 為弓的形變量。這正是英國科學家虎克於1676年確立的定律，即虎克定律。有人也將虎克定律稱作「鄭玄——虎克定律」。

《天工開物》中還記載了試弓定力的方法（圖4-56）：

圖4-56 試弓定力
（採自《天工開物》）

　　凡試弓力，以足踏弦就地，秤鉤搭掛弓腰，弦滿之時，推移秤錘所壓，則知多少。

可見古時測驗彈力離不開古老的桿秤。

4. 磨、礱

磨、礱是利用摩擦力工作的機械設備，如圖4-57所示。

磨，石製，俗稱「石磨」，其上盤和下盤都刻有紋路，即磨溝，呈齒狀，以增大摩擦力（圖4-58）。操作時，1~2人推動磨擔，帶動石磨轉動，並在適當時候在上磨盤的磨眼中加注穀物，以持續將穀物磨成粉。

圖4-57 礱磨
（採自《東魯王氏農書譯注》）

舊時還有經營磨粉的作坊，稱「磨坊」。一般利用人力、畜力、水力或風力轉動石磨，代客將小麥及其他穀物研磨成粉，收取加工費；有時也自營加工、銷售業務。隨著機械

圖4-58 石磨
（採自《老物件——復活平民的歷史》）

麵粉廠的興起，磨坊漸趨衰落。

還有一種類似石磨的工具，用竹木製作，稱為礱，用以去掉稻穀的穀殼，使稻穀成為糙米，如圖4-59所示。礱的上盤與下盤為竹篾編成的圓形框架，內用黃泥夯實，釘入木製礱齒，中間用一硬木作軸，外加一礱環。礱像磨一樣，上下兩盤相合，用以礱穀，且能礱破穀殼，而不碎穀粒。

圖4-59 礱穀
（採自《東魯王氏農書譯注》）

中國在七千多年前已種植稻穀，磨和礱也就逐漸產生了，南朝梁元帝在《金樓子·雜記下》中說：「枚乘有之，磨礱不見其損，有時而盡。」唐代黃滔有首《書懷寄友人》，其中寫道：此生如孤燈，素心挑易盡。不及如頑石，非與磨礱近。明末清初的錢謙益在《保硯齋記》中說：「以磨礱比德焉，以介石比貞焉。」

可見磨、礱歷代相傳不絕，直至用上機器礱穀磨粉才退出歷史舞臺。

5. 軸承

軸承是用來支承軸，保持軸的準確位置並承受由軸傳來的力的機械零件。軸承按摩擦性質分為兩種，即滑動軸承（圖4-60）和滾動軸承（圖4-61）。

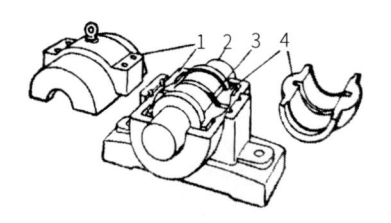

圖4-60 滑動軸承
1.軸承本體 2.軸 3.濺油環 4.軸瓦

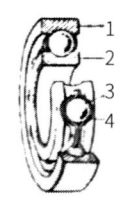

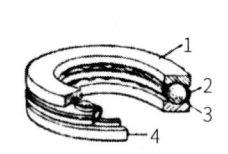

圖4-61 滾動軸承
（左）1.外圈 2.內圈 3.滾珠 4.保持架
（右）1.緊圈 2.保持架 3.滾動體 4.活圈

滑動軸承中，軸的被支承部分稱為軸頸，在軸瓦（或軸套）內轉動，兩者間有滑動摩擦。為減少摩擦，軸瓦由減摩合金、塑膠等製成，軸頸和

軸瓦（或軸套）間加潤滑油。潤滑油含在軸套中的稱為含油軸承，用空氣作為潤滑劑的稱為空氣軸承。

滾動軸承中，有內、外圈（或活、緊圈）各一個，分別同軸、軸承座相配合。兩圈間一般有保持架，夾持一連串滾動體。當內、外圈相對轉動時，滾動體也滾動，兩者間主要是滾動摩擦。按滾動體的形狀分，有球軸承（亦稱滾珠軸承）和滾子軸承。滾子有圓柱形、圓錐形、鼓形、針形（細長圓柱）等。滾子為針形的滾動軸承稱為「滾針軸承」，可不用內圈或外圈。

軸承按受力方向，分承受徑向力的向心軸承（亦稱徑向軸承），承受軸向力的推力軸承（亦稱止推軸承），同時承受這兩種力的向心推力軸承（亦稱徑向止推軸承）。

中國在八千年之前就有軸承，2001年，在杭州蕭山跨湖橋文化遺址，發掘出一個木質陶輪的底座，是軸承的雛形。

《詩經·邶風·泉水》中記載：「載脂載舝，還車言邁。」「脂」指塗車軸的油脂。「舝」是車軸兩頭的金屬鍵，相當於現在的銷釘，穿過車軸，可以將車輪「轄」住，使車輪軸向固定。這句話的意思是用油脂將車軸潤滑，把車軸處的銷釘檢查，快些回家。這是最早有關軸承潤滑的記載。

在秦漢的典籍中，已有軸承的專用名詞，如「軸」、「釭」、「鐧」等。元代，郭守敬創製的天文儀器簡儀中，已使用滾柱軸承以減少摩擦。清末的洋務運動，對軸承製造業產生了積極的影響。

6.柱礎

柱礎是中國古代建築重要構件之一，又稱柱礎石，它是承受屋柱壓力的墊基石，如圖4-62所示。

中國自七千多年前浙江餘姚河姆渡的干欄式建築到明朝建成的紫禁城，歷時八千多年，對柱礎的作用有了

圖 4-62　柱礎

比較全面的認識。柱礎是承柱的基石，將柱子承受的壓力傳到基座，增強了柱基的承受壓力和建築的穩定性。柱礎還能防止柱子受潮，保護柱子不受潮腐敗。柱子立在地面上，有了柱礎，不易被磕碰而損壞，從而延長了柱子的壽命。

在天氣諺語中，有「礎潤而雨」的說法，出自《淮南子·說林訓》的「山雲蒸，柱礎潤」。這是十分科學的提示天氣變化的諺語。

柱礎，一般用比較堅硬的石料（如花崗岩）雕琢而成，漢代的柱礎式樣大多簡樸，也有覆盆式、反斗式等。

六朝時期，受佛教的影響，建築藝術與佛教相結合，在覆盆式柱礎的基礎上，增加了人物、獅獸、蓮瓣等式樣。唐代，雕有蓮瓣的覆盆式柱礎最為流行。宋代，對柱礎的形制有了具體的規定，李誡的《營造法式》中明確記載：

> 造柱礎之制，其方倍柱之徑。（謂柱徑二尺，即礎方四尺之類。）方一尺四寸以下者，每方一尺，厚八寸。方三尺以上者，厚減方之半；方四尺以上者，以厚三尺為率。

《營造法式》中有關柱礎尺寸的規定，與柱子的直徑相關，柱子直徑大了，說明建築物的質量加大，因而柱礎也相應地增大，這是符合壓力、壓強之間的關係的。

元代，受民族融合的影響，這時期的柱礎喜用簡潔的素覆盆式，在柱礎上不加雕飾。

到了明清時期，柱礎的形制和雕飾樣式豐富多彩，製作的工藝水準也大為提高。

柱礎是中國傳統建築的瑰寶，如圖4-63所示的柱礎是北魏時期雕刻藝術中的精品，頂部浮雕飽滿的雙蓮瓣，往下雕四條首尾相銜的蟠龍，底座

圖4-63 北魏時期的柱礎

四壁淺浮雕波狀纏枝忍冬紋和姿態各異的伎樂天人。

7. 水準儀

水準儀也叫水平儀（圖 4-64）。水在無擾動的自然狀態下，水面總是與地平面平行，水準儀就是根據水平面的特性製成的。它用來檢查機器、儀器工作面的水平度、平面度或垂直度等。水準儀主要部件為一根密封的玻璃管，內裝液體（一般為水），中間留個氣泡，當氣泡在中間位置時，水準儀底部（一般為一直尺）的底面即處於水平位置。使用時，將水準儀放在被測面上，根據管內氣泡的移動，可以確定被測面的水平度、平面度或垂直度等，常用於裝配或安裝機器、設備等。水準儀種類較多，有鉗工水準儀、光學水準儀和電子水準儀等。

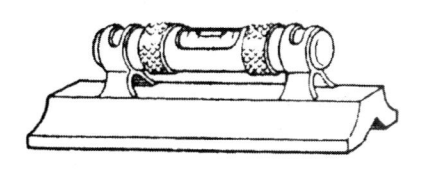

圖 4-64　水準儀

在東漢時，《釋名》中已有記載：「水，準也。準，平也。天下莫平於水。」其實，夏代已有比較原始的水準測量技術。《史記·夏本紀》記載：「禹乃遂與益，后稷奉帝命，命諸侯百姓興人徒以傅土，行山表木，定高山大川。」大禹治水時，必須知道各地地勢的高低、路程的遠近，「行山表木，定高山大川」，這是用最原始的方法作水準測量，開中國水準測量的先河。

周代，人們已經知道「以水平地」的方法。甲骨文中的「癸」字，本義就是測度水平。《周禮·匠人》中說：「匠人建國，水地以縣。」鄭玄注：「於四角立植而縣以水望其高下，高下既定，乃為位而平地。」這就是說用如今的水準儀原理以測平地，其法是在地的四角立柱，然後「縣以水」以測地之高下。唐代賈公彥進一步解釋說：

> 欲高下四方皆平，乃始營造城郭也。云於四角立植而縣者，植即柱也，於造城之處，四角立四柱。而縣，謂於柱四畔縣繩以正柱，柱正，然後去柱遠，以水平之法遙望。柱高下定，即知地之高下，然後平高就下，地乃平也。

賈公彥說的方法可視為原始的目測法，由此可見古人已掌握了以懸繩定垂直的方法，也認識到水平面和鉛垂線的垂直關係。

秦漢時期，廣泛用水準測量方法治理水患和進行農業灌溉，開始大興水利。《漢書·溝洫志》載：「齊人延年上書言，河出崑崙，經中國注渤海，是其地勢西北高而東南下也。可案圖書，觀地形，令水工準高下，開大河上領，出之胡中，東注之海。」說明當時已有了地圖，並有了能作水準測量的人員，可見當時已具備遠距離和跨河流進行水準測量的能力，水準測量已達到相當高的水準。

晉代，數學家劉徽在為《九章算術》作注時，寫了《重差》一卷，唐代李淳風在注釋時將《重差》單列出來，取名《海島算經》，敘述了用「表」測量海島高程的方法。「表」是古代的一種測量工具，早在殷商時就有記載，即立表測影辨方向。《海島算經》中的算法，完全符合相似三角形對應邊成比例的現代算法，可見古人已用幾何原理與測量工具「表」，完成了遠距離的高程測量。

唐代，中國已形成了一套相當完備的水準測量方法，水準儀的制式已有明確的記載，水準儀已作為重要的軍事裝備使用。

唐代李筌的《太白陰經》中對水準工具和測量方法有詳細的敘述：「（水平槽）以水注之，三池浮木齊起，眇目視之，三齒齊平，以為天下準。或十步，或一里，乃至十數里，目力所及，隨置照板，度竿，亦以白繩計其尺寸，則高下丈尺分寸可知也。」

這時候的水準儀與現代水準儀非常相似。用水槽中的水建立水平基準面，三池中立齒作為瞄準器，照板輔助瞄準，度桿則是測量精準並帶有刻度的水準尺。

元代，在《河防通議》中對水準測量的工具和方法有詳細的描述，且與北宋李誠《營造法式》中完全一致，其中郭守敬曾以海平面作基準進行地形測量。《元文類·郭守敬傳》記載：「又嘗以海面較京師至汴梁地形高下之差，謂汴梁之水去海甚遠，其流峻急，而京師之水去海至近，其

流且緩。」可見中國元代對「海拔」這一概念已有初步認識,並在工程中進行應用。

明清時期,傳統的水準測量仍廣泛應用。清代李世祿的《修防瑣志》對水準儀的製作有不少改進,製作方法為:「以楊木為之,用油塗,恐不濕透則重不浮。座上安立一板,連座高一寸,在上開小孔,其三個,輕重須一樣。」《修防瑣志》對水準儀測量及讀數方法也進行了改進,把木製照板改為布製的標旗,並使標旗附在水準尺上,用繩索曳引使標旗可以在水準尺上上下移動。現代水準儀的覘板就是附在水準儀上的,說明《修防瑣志》中的製作方法是比較先進的。

中國的水準儀不論是制式還是精度,在世界測繪史上佔有重要的歷史地位。

8. 虹吸管

虹吸管,也稱注子、偏提,是利用虹吸原理來做液體傳輸的管子。兩種高度不同的液體,用一段 U 形管連接,若使 U 形管中也蓄有同種液體,這樣就會使液面高的液體流入盛有液面低的液體的容器中,直至兩個容器中的液面處於同一水平面。這種現象稱為虹吸現象,如圖 4-65 所示。

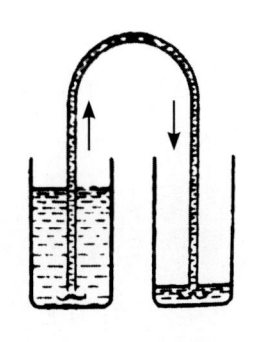

圖 4-65　虹吸現象

虹吸現像是液體分子間的引力與勢能差所造成的。從宏觀來看,是利用兩個液面的壓力差,使液體沿 U 形管升高後再流到低處。由於兩個容器中的液面承受不同的大氣壓力,液體會由壓力大的一邊流向壓力小的一邊,直到兩邊承受的大氣壓力相等,兩個容器內的液面變成相同的高度,液體就會停止流動。

中國很早就掌握了虹吸管的應用,虹吸管有很多別稱。《後漢書・張讓傳》中說:「又作翻車渴烏,施於橋西,用灑南北郊路。」其中「渴烏」就是虹吸管。中國早期的計時器漏壺,也運用虹吸管將上壺中的水引入下壺。

唐代杜佑在他的《通典》中有關於虹吸管隔山取水用於灌溉的記載：「以大竹筒雌雄相接，勿令漏泄，以麻漆封裹。推過山外，就水置筒，入水五尺。即於筒尾取松樺乾草，當筒放火。火氣潛通水所，即應而上。」這種大型虹吸管隔山吸水，宛如蛟龍吸水，故虹吸管有「過山龍」之名。

宋代曾公亮在他的《武經總要》中，記載了虹吸管的使用方法：「凡水泉有峻山阻隔者，取大竹去節，雌雄相接，油灰黃臘固縫，勿令氣泄。推竹首插水中五尺，於竹末燒松樺薪或乾草，使火氣自竹內潛通水所，則水自竹中逆上。」

宋代，還有利用虹吸管的原理製作的唧筒，用於守城的滅火器中。

北宋的蘇軾在他的《東坡志林》中有用虹吸管取鹽鹵的記載：「蜀去海遠，取鹽於井……用圓刃鑿如碗大，深者數十丈，以巨竹去節，牝牡相銜為井，以橫隔入淡水，則鹹泉自上。又以竹之差小者出入井中為桶，無底而竅其上，懸熟皮數寸，出入水中，氣自呼吸而啟閉之，一筒致水數斗。」

明代地理學家徐霞客在他的《滇遊日記六》中，記載了雞足山中的一個巧妙的虹吸裝置：

軒中水由亭沼中射空而上，沼不大，中置一石盆，盆中植一錫管，水自管倒騰空中，其高將三丈，玉痕一縷，自下上噴，隨風飛灑，散作空花。前觀之甚奇，即疑雖管植沼中，必與沼水無涉，況既能倒射三丈，何以不出三丈外？此必別有一水，其高與此並，彼之下，從此墜，故此上，從此止，其伏機當在沼底，非沼之所能為也。至此問之，果軒左有崖高三丈餘，水從崖墜，以錫管承之，承處高三丈，故倒射而出亦如之，管從地中伏行數十丈，始向沼心豎起，其管氣一絲不旁泄，故激發如此耳。

9. 比重計

比重指液體的密度與水的密度的比值。比重計是測定液體比重的一種儀器（圖4-66），為一根封閉的有刻度的細長玻璃管，管底有一泡

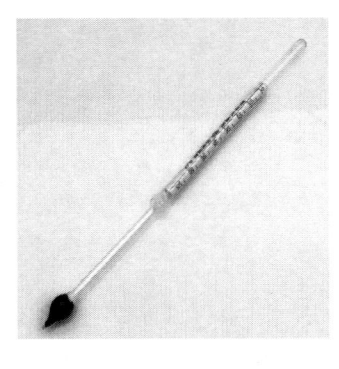

圖 4-66　比重計

狀部分,內裝鉛粒或水銀。將比重計插入待測液體後,其直立浮起,液體比重越大,比重計浮得越高,與液面相平處的標度就是液體比重的數值。比重計分重表和輕表兩種,分別用來測定比重比水大和比水小的液體的比重。

比重計涉及一個物理概念,即物質的質量和其體積的比值,叫密度,是物質的一種性質。如水的密度在 4℃時為 10^3kg/m^3,乾燥空氣在標準狀態下的密度為 1.293kg/m^3。

中國古代早有密度的概念。《孟子》中記載:「金重於羽者,豈謂一鉤金與一輿羽之謂哉?」意思是平時所說的金比羽毛重,是指相同的體積時,金比羽毛重,而絕不是一隻金鉤子的質量與一車羽毛的質量去作比較。

在漢代,常用「斤／寸^3」作為密度的單位,如《漢書・食貨志》記載:「黃金方寸,而重一斤。」《孫子算經》中列載了幾種物質的密度:金 1 斤／寸^3、銀 14 兩／寸^3、玉 12 兩／寸^3、銅 7.5 兩／寸^3、鐵 6 兩／寸^3、鉛 9.5 兩／寸^3、石 3 兩／寸^3,經換算金、銀的密度與今值相近。明代的曆學家朱載堉曾用橫黍尺測得水銀的密度為 6 兩 2 錢／寸^3,經換算,其值為 13.9883g/cm^3,當今條件下,20℃時,測定出的水銀的密度為 13.5458g/cm^3,兩者基本接近。

中國製鹽歷史悠久,鹽鹵濃度直接影響出鹽率,故鹽鹵濃度一直是製鹽工人研究的對象。從南北朝起,古人就用雞蛋、桃仁、飯粒和蓮子等物來測定鹽鹵的濃度。據北宋蘇軾在《物類相感志》中寫道:

　　鹽鹵好者,以石蓮投之則浮。

宋代姚寬在《西溪叢語》中,詳細地介紹了用蓮子測鹽鹵濃度的方法:

予監台州杜瀆鹽場，日以蓮子試鹵，擇蓮子重者用之。鹵浮三蓮、四蓮，味重；五蓮，尤重。蓮子取其浮而直，若二蓮直，或一直一橫，即味差薄。若鹵更薄，即蓮沉於底，而煎鹽不成。閩中之法，以雞子、桃仁試之，鹵味重，則正浮在上；鹹淡相半，則二物俱沉。與此相類。

用蓮子、雞蛋、桃仁檢測鹽鹵濃度的方法，是最早測定液體密度的方法。根據物體浮沉條件，選擇適當的蓮子，當蓮子的密度與鹽鹵的密度相同時，蓮子將懸浮在鹽鹵中，且呈直立懸浮狀態；當蓮子的密度小於鹽鹵的密度時，蓮子就要上浮，且呈橫臥形式，鹽鹵濃度適合煎（或曬）鹽；當蓮子的密度大於鹽鹵密度時，蓮子就要下沉，說明鹽鹵濃度不適合煎（或曬）鹽，此時煎鹽費柴火，曬鹽費時日，出鹽率不高。

到了元代，比重計有了很大的改進。元代陳椿在《熬波圖》中記載了一種叫蓮管（圖4-67）的比重計：

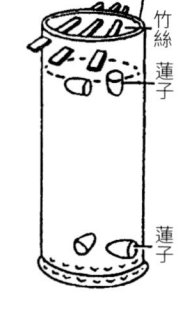

圖4-67 蓮管

要知鹵之鹹淡，必要蓮管秤試。如四蓮俱起，其鹵為上……蓮管之法：採石蓮，先於淤泥內浸過，用四等鹵分浸四處，最鹹辣鹵浸一處；三分鹵浸一分水浸一處；一半水一半鹵浸一處；一分鹵浸二分水浸一處。後用一竹管盛此四等所浸蓮子四。放於竹管內，上用竹絲隔定竹管口，不令蓮子漾出。以蓮管汲鹵試之，觀四等蓮子浮沉，以別鹵鹹淡之等。

蓮管之法，就是將鹽鹵水分成四等，最鹹的為一等，濃度為100%；三份鹵一份水為二等，濃度為75%；鹵、水各半為三等，濃度為50%；一份鹵兩份水定為四等，濃度為33%。將四粒蓮子分別放入製備好的四種鹽鹵中浸透備用。測驗時，將待測鹽鹵注入竹筒中，再將製備好的蓮子放入，從蓮子的浮沉狀況即可測出鹽鹵濃度。

明朝陸容在《菽園雜記》中也有類似的記載：

以重三分蓮子試之,先將小竹筒裝鹵,入蓮子於中,若浮而橫倒者,則鹵極鹹,乃可煮燒。若立浮於面者,稍淡;若沉而不起者,全淡,俱棄不用。

陸容所說的蓮子之法,最大的改進是取重三分的蓮子,這是經過長期試驗得出來的,只用一個重三分的蓮子,即可測定鹽鹵的濃度了。這正是現在比重計的雛形。

10. 表面張力測驗儀

表面張力是一種分子力。液面上的分子受液體內部分子的吸引,而使液面趨向收縮,這就表現為在液面任何兩部分間具有相互牽引力,其方向與液面相切,並和兩部分的分界線垂直,大小與液體的性質、純度和溫度有關。由於表面張力的作用,液體表面總是趨向於盡可能縮小,因此,空氣中的小液滴往往呈圓球狀。

最簡易的表面張力測驗儀如圖 4-68 所示。

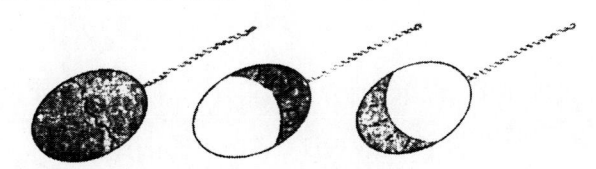

圖 4-68　表面張力測驗儀

古人對表面張力早有認識,並應用於生產上。如宋代張世南在他的《游宦紀聞》中記載:

驗真桐油之法,以細篾一頭作圈子,入油蘸。若真者,則如鼓面鞔圈子上。才有偽,則不著圈上矣。

張世南的記載表明,古人雖然不明白表面張力的微觀機理,但對其宏觀表現,卻十分熟悉,並有許多應用。如「丟巧針」。

「丟巧針」是由古代「乞巧」(圖 4-69)風俗演變而來,而乞巧風俗又與民間傳說牛郎織女的故事有關。織女是個心靈手巧的仙女,受到廣大婦女的喜愛,所以每逢七月初七晚上,婦女們都要焚香跪拜、對月穿針和浮針,向織女乞求智巧。此俗在南北朝宗懍的《荊楚歲時記》中有載:

「是夕(七夕),人家婦女結彩樓,穿七孔針,或以金銀鍮石為針,陳瓜果於庭中以乞巧。」

圖 4-69 乞巧
(採自明仇英《乞巧》局部)

「丟巧針」的遊戲明清時還很盛行,據明代劉侗和于奕正合撰的《帝京景物略》中介紹,每當七月初六那天,婦女們取一小盆或一碗清水,放在太陽底下曝曬,到七月初七清晨,拈平日的縫衣針投入水中,由於「水面生膜,繡針投之則浮」。然後看水底針影,有的動如雲,有的散如花,有的細如線,有的粗如椎。婦女們就憑這些針影來占卜自己是否得「巧」,所以這種遊戲也叫「卜巧」。如果卜巧時用松針、纖草置於水面,水底的影子更為豐富多彩,得巧的機會也更多了。

漢代劉安的《淮南萬畢術》中記載:

取頭中垢,塞針孔,置水中,則浮。以肥膩故也。

這是一種水表面張力現象。當水的表面張力等於針的重力時,針能浮在水面上,且油性的頭垢能使水不浸潤針,易使針浮於水面。

除此之外,古人還將液體表面張力知識應用在醫學上。宋代周密在他的《齊東野語》中寫道:

熊膽善辟塵,試之之法:以淨水一器,塵冪其上,投膽粟許,則凝塵谽然而開。以之治目障翳,極驗。

這是因為熊膽溶於水後,在水面形成一薄膜,膜的表面張力將水面塵埃推開,且浸潤性極好,可用來清洗和除去眼球表面的灰塵,達到治癒眼疾的效果。

液體表面張力產生的一些現象,也成為詩人們放歌的對象。由於水表面張力的存在,荷葉上的水滴均呈球狀。南宋的楊萬里在《昭君怨·詠荷上雨》中說:「散了真珠還聚,聚作水銀窩,瀉清波。」元代的張可久在《喜春來·永康驛中》也有「荷盤敲雨珠千顆」的描述。

11. 萬向支架

萬向支架，也叫常平支架，由外環和內環構成，採用支點懸掛法，可使被支承物體獲得轉動自由度的機械構件（圖4-70）。萬向支架為中國古代人民所創造，至漢代已有應用萬向支架製成的「被中香爐」。

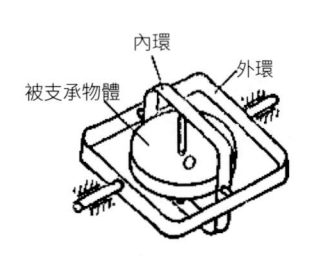

圖4-70 萬向支架

晉代葛洪的《西京雜記》中有西漢工匠丁緩製作萬向支架的相關記載：

長安巧匠丁緩者……又作臥褥香爐，一名被中香爐。本出房風，其法後絕，至緩始更為之。為機環，轉運四周，而爐體常平，可置之被褥，故以為名。

萬向支架除用於被中香爐外，還用於交通工具。宋代沈括在《夢溪筆談》中記載：

大駕玉輅，唐高宗時造，至今進御。自唐至今，凡三至泰山登封。其他巡幸，莫記其數，至今完壯。乘之安若山嶽，以措杯水其上而不搖。

清代乾隆年間刊印的《杭州西湖志》中講到一種滾燈：用紙糊製，裝有「聯鎖軸」，不管滾燈如何滾動，裡面的燭火不會熄滅，滾燈也不會燃燒，這種「聯鎖軸」其實就是萬向支架。

在現代的航太事業中，火箭引擎通常安裝在一對萬向支架上，以允許單個引擎在俯仰和偏轉軸線上傳播推力。為了控制火箭滾動，使用具有差速器或偏航控制信號的雙引擎來提供滾動軸線的扭矩。

12. 陀螺儀

陀螺儀簡稱陀螺，亦稱迴旋儀。它用於測量運動物體相對慣性空間的角運動（角位移或角速度）的一種裝置。典型的陀螺儀由高速旋轉的轉子和支承轉子的框架組成，其自轉軸具有一個或兩個轉動自由度，分別稱單自由度陀螺儀和雙自由度陀螺儀，如圖4-71所示。

在一定的初始條件和一定的外在力矩作用下，陀螺儀在不停自轉的同時，環繞著另一個固定的轉軸不停旋轉，這就是陀螺儀的旋進。陀螺儀旋進是日常生活中常見的現象，我們玩陀螺時就會見到。

圖4-71　陀螺儀
1. 轉子　2. 自轉軸　3. 框架
4. 框架支承軸　5. 測量軸方向

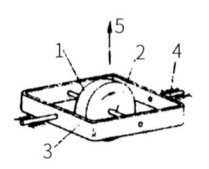

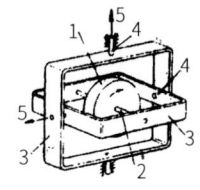

陀螺儀起源何時，沒有定論，最早出現於後魏時期的典籍，當時被稱為獨樂。宋朝時有一種類似於陀螺的玩具叫「千千」。至於陀螺這個名詞，直至明朝才正式出現，據《帝京景物略》記載：「楊柳兒活，捆陀螺；楊柳兒青，放空鐘；楊柳兒死，踢毽子。」

雙自由度陀螺儀的主要特性有兩點：一是定軸性。當轉子高速旋轉時，自轉軸相對慣性空間具有方向穩定性。二是進動性。在某一框架軸上施加外力矩時，陀螺儀繞正交的框架軸相對慣性空間產生一定角速度的旋轉運動。對陀螺儀施加修正力矩，可使自轉軸旋進以追蹤空間某一變動的方位。干擾力矩也會引起進動，稱為「漂移」，它影響陀螺儀的精度和靈敏度。

根據雙自由度陀螺儀的第一個性質，即定軸性，人們設計了慣性導航。慣性導航，簡稱「慣導」。它是利用安裝在飛行器（或船舶）慣性平臺上的慣性敏感元件（如加速度計）測量運動物體的加速度，並自動推算飛行器（或船舶）速度和位置數據的自主式導航技術。它不向外界發射電磁波，不怕外界干擾，可在任何航行地區和氣象條件下使用，但位置誤差隨時間積累。

利用陀螺的力學性質所製成的各種功能的陀螺裝置應用廣泛。近些年，由陀螺儀發展出了在科學技術中具有各種應用的多種儀器，如陀螺羅經、陀螺地平儀、陀螺儀感測器、陀螺經緯儀、陀螺測斜儀、陀螺穩定器等。

第五章　熱學儀器

熱學是研究熱現象的規律及其應用的科學。廣義上，熱學還包括熱力學、分子物理學和熱工學等分科。中國古代的熱學與「火」密切相關。先人在與「火」打交道中，不僅逐漸認識了火，還發明了各種測「熱」的儀器，為熱學儀器的產生、發展奠定了基礎。

中國古代獨一無二的煉丹術也對化學及熱學的發展產生了影響，它是近代化學的前身，古人在煉丹過程中，還創製了一些熱學儀器。

1. 火照

火照，又稱試片，如圖 5-1 所示。在溫度計未發明之前，火照用來觀測窯內溫度。

宋窯的火照是利用碗坯改造的，上平下尖，大體呈 V 形，下部尖端插入滿盛沙粒的匣砵內，匣體置於窯膛中，在窯的觀火孔可以看到它們。火照上端有圓孔，

圖 5-1　火照

為觀光孔，當窯工需要測定窯溫時，用長鉤伸入觀火孔，將火照鉤出，每燒一窯需驗火照數次，每驗一次，就鉤出一個火照。火照上半截塗釉，一個火照只能用一次。

古時人們燒窯，沒有先進的儀器，只能憑一代代匠人總結的經驗摸索前行。火照便是在窯爐發展到一定時期，窯工們在生產中發明的一種用來觀測爐中火候的窯具。據張華青的《萬壽宮夜話》記載，在漢晉時，豐城洪州窯的窯工發明了火照。

随著一次次的失敗,窯工們從損壞的器物上找到了規律:當簡單的單片器物開始變形時,其他器物還沒有軟化變形。如果此時採取降溫或保溫措施,可獲得最好的器物,同時減少損失。於是窯工們製作一些最為簡單的坯片或坯環,這些東西就是「火照」。窯工們用它們來測驗窯裡的溫度,以便隨時能控制窯爐火候。這一發明,抓住了窯爐器物燒造質量的關鍵。

現在,燒窯仍用火照,不過是三個一組,叫做「測溫錐」,隨著窯溫的升高,依次軟化,為燒窯提供了科學的預警時間,在本質上它們仍具有「火照」的作用。

2. 光測高溫計

光測高溫計,又叫光學高溫計。利用熾熱物體發出的光測量其溫度的一種高溫測量儀器,是一個內部裝有一特製電燈泡的簡單望遠鏡,如圖 5-2 所示。使用時把它直接對準待測物體,其物鏡將物體的發光面聚焦在燈泡的燈絲處成一明亮的像,然後調節燈絲電流,使其亮度與像的亮度等同,從這時的電流大小就可以讀出熾熱物體的溫度。如果目鏡前加一紅色或綠色的濾色片,只用紅光或綠光來比較亮度,則既可以使工作方便,又可提高測量精確度。光測高溫計的測量範圍在 800℃~3200℃ 之間,其結構原理圖如圖 5-3 所示。

光測高溫計可分為光學高溫計、全輻射高溫計、光電比色高溫計及

圖 5-2 光測高溫計

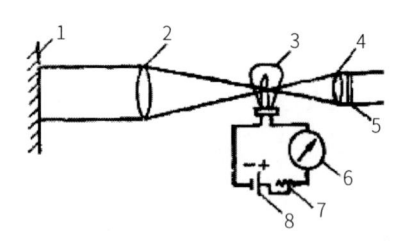

圖 5-3 光測高溫計結構原理圖
1. 物體 2. 物鏡 3. 小燈泡 4. 目鏡
5. 濾色片 6. 電表 7. 滑線電阻器 8. 電池

紅外溫度計等。光測高溫計使用時不破壞被測對象的溫度場,也不受被測物質的腐蝕和毒化等影響,測量範圍廣,準確度高,便於自動記錄和遙測遙控等,但易受周圍物體輻射的影響,需要進行物體的黑度校正[1],而黑度校正時,由於物體表面狀態的千差萬別,往往具有較大的誤差。

商朝已是高度發達的青銅時代,科學典籍《考工記·栗氏》中關於「鑄金之狀」的記述,是根據被加熱合金熱輻射確定合金溫度的一種光測高溫技術。說明當時人們已總結出一套依據火焰顏色(溫度)來熔煉青銅的寶貴經驗:

  凡鑄金之狀,金與錫,黑濁之氣竭,黃白次之;黃白之氣竭,青白次之;青白之氣竭,青氣次之,然後可鑄也。

「金」,就是銅,在製作銅錫合金之前,先要在坩堝或熔爐裡將銅料熔解,俗叫「化銅」。銅料中夾雜著木炭、樹枝等雜質,因燃燒產生黑濁的氣體,隨著黑濁之氣逸出(「竭」),銅料的純度提高,隨著溫度的升高,銅料中的氧化物、硫化物和某些低沸點的金屬隨之揮發,形成不同顏色的火焰和煙氣,如作為青銅合金原料的錫,其中可能雜有鋅,鋅的沸點為907℃,極易揮發,鋅和氧結合生成氧化鋅,氧化鋅呈白色粉末狀。青銅冶煉時,焰色主要取決於銅的黃色譜線和綠色的譜線,錫的黃色譜線和藍色譜線,鉛的紫色譜線及黑體輻射時的橙紅色背景。隨著冶煉溫度的升高,爐火的顏色由黃白色逐漸向綠色過渡,銅的綠色譜線會愈來愈顯著。在1200℃以上時,銅的青焰佔了絕對的優勢,其他金屬的譜線影響有限,正所謂火候達到了「爐火純青」的地步,這時候就可以澆鑄青銅器了。

「鑄金之狀」這種用肉眼來觀測的光測高溫技術是中國古代人民長期生產經驗的總結,受時代限制,不能擺脫個人經驗的依賴。只有在物

---

[1] 黑度校正:在一定溫度下,灰體的輻射能力與同溫度下黑體的輻射能力之比,叫物體的黑度,或物體的發射率,用ε表示,ε介於0~1之間。物體的黑度與物體性質、表面狀況和溫度等因素有關,是物體的固有特性,與外界環境無關。通常物體的黑度需實驗測定,即為黑度校正。

理學和其他科學技術普遍發展的基礎上，才有可能製造出現代的光測高溫計。

3. 溫度計

溫度計，也叫溫度表，是測定物體溫度高低的儀器。常用的溫度計是一封閉的玻璃細管，下端呈圓柱或圓球形，內注測溫物質（如水銀、著色的酒精等）形成液柱，隨溫度升降而伸縮，根據液柱頂端位置可從相應刻度上讀出溫度值（圖5-4）。

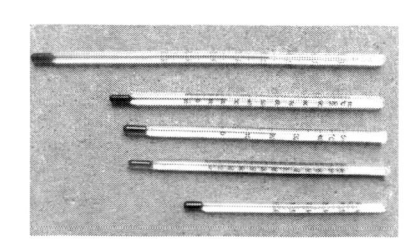

圖5-4　溫度計

溫度計根據使用目的的區別，工作原理及設計依據也有所不同：利用固體、液體、氣體受溫度影響而熱脹冷縮的現象；在定容條件下，氣體的壓強因溫度而變化；熱電效應的作用；電阻隨溫度的變化而變化；熱輻射的影響等。目前常見的溫度計類型包括水銀溫度計、酒精溫度計、雙金屬片溫度計、電阻溫度計、溫差電偶溫度計、輻射溫度計、光測高溫計、氣體溫度計、蒸氣壓溫度計、磁溫度計、超導溫度計等。

溫度與人類的生活關係密切。從分子運動的角度看，物體溫度的升高或降低象徵著物體內部分子熱運動平均動能的增加或減少。中國古代對溫度變化十分注意，《禮記・月令》中記載了一年四季的物候變化，可感知溫度的變化，以指導農事活動。

古人找到了一些較為客觀地判別冷熱程度的辦法。戰國時人們已經知道通過觀察水的結冰與否來推知氣溫變化。《呂氏春秋》中記載：「見瓶水之冰，而知天下之寒，魚鱉之藏也。」《淮南子》中也說：「見瓶中之水，而知天下之寒暑。」水凝固點在標準大氣壓下為0℃，中國北方地區，冬天的氣溫常低於0℃，所以水不能作為測溫物質，而水銀或酒精可作為測溫物質。

溫度計溫度值的標度有攝氏溫度（℃）和華氏溫度（℉）兩種。攝

氏溫標是18世紀由瑞典天文學家攝爾修斯創立的，華氏溫標為德國物理學家華倫海特首創。在中國，定量溫度計最早出現於17世紀。在西學東漸時，來華傳教士們帶來了最新的科學儀器，其中就有溫度計。北京觀象臺的溫度計，由比利時傳教士南懷仁引進，如圖5-5所示。

在南懷仁之後，中國民間的科學家也製作過溫度計。據《虞初新志·黃履莊傳》記載，清初的黃履莊就發明過「驗冷熱器」：「此器能診試虛實，分別氣候，記諸藥之性情，其用甚廣。」又說：「冷熱燥濕皆以膚驗，而不可以目驗者，今則以目驗之。」

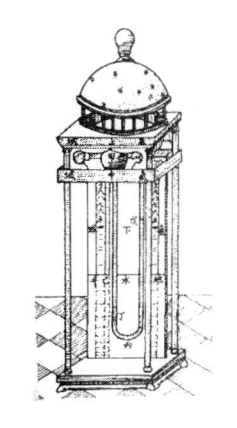

圖5-5 南懷仁製作的溫度計(採自《靈臺儀器圖》)

在清代中期，據說杭州黃超、黃履父女也自製過「寒暑表」，可惜未留下圖紙和製作方法，更無實物留存。

4. 濕度計

濕度計是測定氣體濕度的儀器。氣體濕度主要取決於氣體中水蒸氣的含量，常有絕對濕度、相對濕度兩種表示方法。絕對濕度是指氣體中的水蒸氣淨含量。相對濕度是指氣體中水蒸氣含量與相同狀態下氣體中水蒸氣達到飽和狀態時的水蒸氣含量的比值。

如圖5-6為測定濕度最為常見的乾濕泡濕度計，由兩支完全相同的溫度計構成，其中一支為乾泡溫度計，另一支為濕泡溫度計。根據兩溫度計的溫度差，可從相應的表中查出空氣的相對濕度。

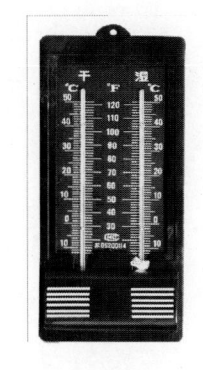

圖5-6 乾濕泡濕度計

中國古代對濕度早有認識，且製成了早期的濕度計。漢代劉安在《淮南子·說山訓》中說：「懸羽與炭，而知燥濕之氣。」又在《淮南子·泰族訓》中說：「夫濕之至也，莫見其形，而炭已重矣。」在《淮南子·天文訓》中又說：「燥故炭輕，濕故炭重。」

可見，當時古人已經知道某些物質能隨大氣乾濕的變化而變化。在天平兩端懸掛質量相等而吸濕性不同的物質（如羽毛和炭），就構成了一架簡易的天平式驗濕器。在使用時，預先使天平平衡，一旦大氣中的濕度發生變化，兩個物質吸入（或蒸發）的水分多少不同，質量便會不同，於是天平失衡並偏斜，從而將空氣濕度變化顯示出來。

《後漢書·律曆志》中有運用這種驗濕器檢測冬、夏至前後空氣中濕度的變化，以測定冬、夏至是否到來的記載：「是故天子常以日冬夏至御前殿，合八能之士，陳八音、聽樂均、度晷景、候鐘律、權土炭，效陰陽。」其中「權土炭」就是用天平式驗濕器進行濕度測驗。

古代這種天平式驗濕器上沒有標度，測量結果也未定量化。最早有定量刻度的濕度計由比利時傳教士南懷仁製作，並在他的《新制靈臺儀象志》中作了詳細介紹：

> 欲察天氣燥濕之變，而萬物中惟鳥獸之筋皮顯而易見，故借其筋弦以為測器……法曰：用新造鹿筋弦，長約二尺，厚一分，以相稱之斤兩墜之，以通氣之明架，空中橫收之。上截架內緊夾之，下截以長表穿之，表之下安地平盤。令表中心即筋弦垂線正對地平中心。本表以龍魚之形為飾。驗法曰：天氣燥，則龍表左轉；氣濕，則龍表右轉。氣之燥濕加減若干，則表左右轉亦加減若干，其加減之度數，則於地平盤上之左右邊明劃之，而其器備矣。其地平盤上面界分左右，各劃十度而闊狹不等，為燥濕之數。左為燥氣之界，右為濕氣之界，其度各有闊狹者。蓋天氣收斂其筋弦有鬆緊之分，故其度有大小以應之。

南懷仁製作的濕度計如圖 5-7 所示，是一種懸弦式濕度計，用鹿筋作為弦線，將其上端固定，下端懸掛適當的重物，弦線上固定一指針，指針雕刻成魚形。該濕度計的弦線吸濕時，指針會發生扭轉，吸濕程度不同，扭轉角度也不同，扭轉的角度在刻度盤上顯示出來，從而起到測量濕度的作用。

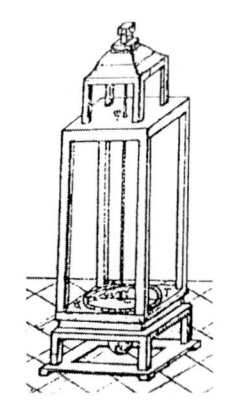

中國學者也製作過濕度計。據張潮《虞初新志·黃履莊傳》介紹，黃履莊製成一種「驗燥濕器」，說：「內有一針，能左右旋，燥則左旋，濕則右旋，毫髮不爽，並可預證陰晴。」但其結構與原理沒有被記錄下來，更無實物留存，以致對這種濕度計不甚詳知。

圖5-7 南懷仁製作的濕度計（採自《靈臺儀器圖》）

5. 蒸餾器

蒸餾器是利用液體混合物中各組分揮發性的不同，以分離液體混合物的一種設備。其原理是不同沸點的液體混合物加熱沸騰後，在所生成的蒸氣中比原液含有較多的易揮發組分，而在剩餘的混合液中則含有較多的難揮發組分，因此可使混合物中各組分得到部分乃至完全分離。蒸餾的方法很多，主要有簡單蒸餾、精餾、恆沸蒸餾、萃取蒸餾、蒸汽蒸餾、真空蒸餾、分子蒸餾等，廣泛應用於化學、石油、食品、冶金、核能等領域。

中國最早的蒸餾器應為生產白酒而生。據吳德鐸先生考證，中國早在西元初就掌握了蒸餾知識和設備製造技術。

《漢書·叔孫通傳》記載：「漢七年，長樂宮成，諸侯群臣朝十月……至禮畢，盡伏，置法酒。」「法酒」到元末明初仍有，葉子奇在《草木子》中記載：「法酒用器燒酒之精液取之，名曰哈剌基。」元代的「法酒」由酒的再蒸餾而得。

中國古代蒸餾技術除用於製燒酒外，也用於煉丹術和蒸花露水，不同的用途有不同的蒸餾器。

煉丹術中的蒸餾器主要源於古人抽砂煉汞的實踐，最早是採用低溫氧化焙燒法，東漢時發展為密閉抽汞法，把容器密封起來，加熱時，丹砂分解出的水銀蒸氣冷凝在容器的內壁。古人長期使用的未濟爐，就是把冷凝器置於爐內的一種簡單蒸餾器。後來，古人又將冷凝器與加熱爐分開，使這種形式的蒸餾器得到完善。

中國傳統用於製燒酒的蒸餾器，一般可分為鍋式和壺式，圖5-8為山西汾酒廠早期使用的鍋式蒸餾器，圖5-9為唐山烤酒壺式蒸餾器，可看到鍋式蒸餾器比壺式蒸餾器簡單些。

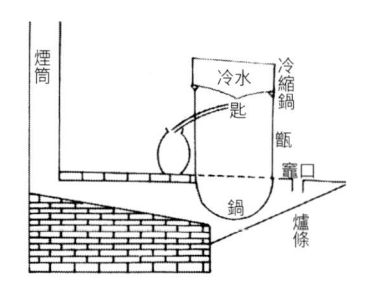

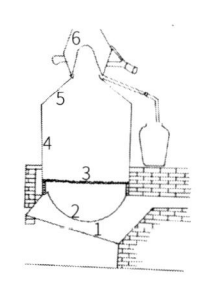

圖5-8　山西汾酒廠鍋式蒸餾器示意圖
（採自《中國古代科學技術史綱——理化卷》）

圖5-9　唐山烤酒壺式蒸餾器示意圖
（採自《中國古代科學技術史綱——理化卷》）
1.竈　2.鍋　3.箅子　4.甑　5.蓋　6.錫壺

1975年，河北承德市青龍縣出土了一件金代銅蒸餾器（圖5-10），從結構上看，應屬於壺式蒸餾器。同年，在安徽天長縣安樂鄉也出土了一具漢代銅蒸餾器（圖5-11）。該器分上下兩部分，上體底部帶箅，箅上附近鑄一槽，槽底鑄有引流管與外界相通。在蒸餾時，配以上蓋，蒸汽在器壁上凝結，沿壁流下，在槽中匯聚後順引流管至器外，由此可起到蒸餾作用。

上海博物館藏有一傳世青銅蒸餾器，其結構與天長縣出土的銅蒸餾

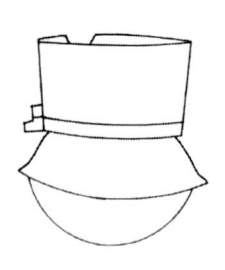

1.截流槽　2.引流管
3.網箅　4.回流孔

圖5-10　金代銅蒸餾器示意圖
（採自《中國古代科學技術史綱——理化卷》）

圖5-11　漢代銅蒸餾器示意圖
（採自《中國古代科學技術史綱——理化卷》）

器類似,亦為漢物。博物館的有關人員曾做過模擬實驗,該器完全可以蒸出酒來。

古代蒸餾器還有另一重要用途:蒸取花露水。南宋張世南在《游宦紀聞》中記述:

> 錫為小甑,實花一重,香骨一重,常使花多於香。竅甑之旁,以泄汗液,以器貯之。畢,則徹甑去花,以液漬香,明日再蒸。凡三四易,花曝乾,置磁器中密封,其香最佳。

明末方以智在《物理小識》中也詳細地介紹了花露蒸取法:

> 銅鍋平底,牆高三寸。離底一寸,作隔花鑽之使通氣。外以錫作餾蓋蓋之,其狀如盔。其頂圩,使盛冷水,其邊為通槽,而以一咮[1]流出,其餾露也。作竈,以磚二層,上鑿孔,以安銅鍋,其深寸。鍋底置砂,砂在磚之上,薪火在磚之下,其花置隔上,故下不用水,而花露自出。凡薔薇、茉莉、柚花,皆可蒸取之。

方以智介紹的事實上是一種乾餾法,所用設備也為蒸餾器,下為甑鍋,鍋內有箅,上為冷凝器,冷凝器下有槽,以流管引出蒸餾液。

方以智的兒子方中履介紹了另一種製露方法:「錫甑頂作中低滴霤,甑中石子上置一罐接之。驗頂上冷水,煖則起蓋取中,其花露盡矣。」這種方法類似於煉丹術中未濟爐的用法。

乾餾是一種固體燃料的熱加工方法,大多是將固體燃料加熱分解成我們需要的物質,如將煤炭、油頁岩、木材等在隔絕空氣的條件下加熱,使其熱分解為固體(如焦炭)、液體(如焦油)及氣體(如煤氣)。根據加熱的最終溫度,一般可分為高溫乾餾(1000℃左右)和低溫乾餾(550℃)兩種。

將木材乾餾為木炭,中國古代早已有之,通常將木材置於乾餾窯中,在隔絕空氣的條件下加熱分解,生成木炭。

---

[1] 咮(ㄓㄡˋ):鳥嘴。《詩·曹風·候人》:「維鵜在梁,不濡其咮。」

6. 煉丹器具[1]

煉丹術是中國古代方士以爐鼎燒煉礦物類藥物煉製長生不老的丹藥（俗稱「金丹」）的一種實驗方術，可以看作是近代化學的先驅，奠定了中國古代化學發展的基礎。

古代煉丹所用的器具主要是丹爐。丹爐是用金屬或土做成的爐子，按煉丹的方法不同而有不同的式樣和名稱。宋人吳誤的《丹房須知》中介紹了「未濟爐」和「既濟爐」。

未濟爐中的「未濟」二字源於六十四卦中的未濟卦，即「上離（火）下坎（水）」卦，為「火在上，水在下」之卦，取其意，未濟爐就是一種「火在上，水在下」的煉丹爐，如圖5-12所示。未濟爐內鼎器的上部是藥鼎，用來裝硃砂和

圖5-12　未濟爐（採自《丹房須知》）

炭屑，藥鼎外部圍火煆煉，下部是儲水的鼎，水鼎外部一般是灰土。水鼎上有一根橫向貫通的管子，用以供給冷水，並導出蒸汽。煉丹時，加熱藥鼎，使硃砂分解，生成的水銀流入下面水鼎的水中。未濟爐沿用時間較長，大約唐代中期已出現，一直使用到元末明初。

圖5-13　既濟爐（採自《丹房須知》）

既濟爐中的「既濟」二字出自六十四卦中的既濟卦，即「上坎下離」卦，既濟爐是一種「水在上，火在下」的煉丹爐，如圖5-13所示。爐中央為有三足的圓筒狀反應室，上置冷水盛器，起冷凝作用。在升煉水銀時，反應室中放置硃砂等反應物，用火加熱，硃砂等反應物受熱分解，釋出水銀，水銀昇華後冷凝在反應室頂部。既濟爐源於東漢

---

[1] 本節改寫自《中國古代科學技術史綱——理化卷》。

末年，由於要不斷地開爐取爐頂凝結的水銀，產量不高，到唐代中葉之後，既濟爐已不是煉丹的主要設備。

煉丹術士除使用丹爐外，還使用許多附屬器具。如壇、鼎、神室、匱、丹合、石榴罐、坩堝、研磨器、水海、水銀蒸餾器等。

壇是安放丹爐的小土臺，有一定的建築式樣（圖 5-14）。據《丹房須知》中介紹：

圖 5-14　龍虎丹壇

> 壇高三層，各分八面而有八門……南面去壇一尺，埋生朱一斤，綠五寸，醋拌之；北面埋石灰一斤；東面埋生鐵一斤；西面埋白銀一斤。上去藥鼎三尺，垂古鏡一面，布二十八宿五星燈，前用純劍一口。爐前添不食井水一盆，七日一添。用桃木板一片，上安香爐。

顯然，在壇的周圍埋生朱、石灰、生鐵、白銀，還懸古鏡、寶劍、桃木板，是煉丹術士為驅鬼避邪而設的象徵物。

鼎是用金屬做成的器具，式樣很多，圖 5-15 是《上陽子金丹大要》中的「懸胎鼎」示意圖，並附有一段說明：

> 鼎周圍一尺五寸，中虛五寸，長一尺二寸。狀似蓬壺，亦為人身之形。分三層，應三方。鼎身腹通，直令上中下等，均勻入爐八寸，懸於爐中，不著地，懸胎是也。

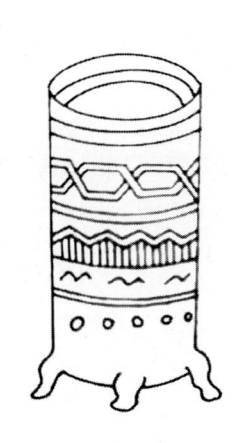

圖 5-15　懸胎鼎
（採自《上陽子金丹大要》）

神室是煉丹的反應室，體積很小，內徑約一寸，形如雞蛋，能懸浮於水中。煉丹時，神室放在有水的鼎中，鼎受火氣而使懸浮在水中的神室恆溫。由於鉛製的神室能熔於水銀，容易被水銀蝕穿而導致漏藥，所以《庚道集》中特別強調：「合（鼎）中神室可令打厚，不要薄了。」

匱也是煉丹的反應室。匱中可以置神室。匱的形狀不一，有的形

图 5-16　湧泉匱
（採自《鉛汞甲庚至寶集成》）

圖 5-17　丹合
（採自《鉛汞甲庚至寶集成》）

如坩堝，有的狀如葫蘆，名稱也有所不同。在《庚道集》中有的稱「白虎匱」，有的叫「黃芽匱」，在《鉛汞甲庚至寶集成》裡有幅「湧泉匱」的示意圖（圖 5-16），匱中是鼎。

丹合是用來盛放丹砂的反應室。在《鉛汞甲庚至寶集成》一書中，丹合呈墨水瓶狀（圖 5-17），四周被火包圍，丹合中的丹砂加熱後生成水銀，經丹合底部的石磚的孔滴入下部的水罐中，被水冷卻後成為液態水銀。丹合及水罐等放置於匱中。

石榴罐升煉器分上、下兩部分，上部為倒置的石榴狀瓷罐，下部為一高筒狀的坩堝。南宋時的《金華沖碧丹經祕旨》中有石榴罐升煉器的示意圖（圖 5-18）及其說明：

> 石榴罐中盛辰砂十兩，赤金（紅銅）珠子八兩，磁瓦片塞口，倒撲石榴罐在坩堝上，堝內華池水二分。

石榴罐與坩堝合縫處用六一泥[1]封固，加熱石榴罐，其中的硃砂分解，水銀滴入下面坩堝中的華池水（含礦物質的醋）裡。

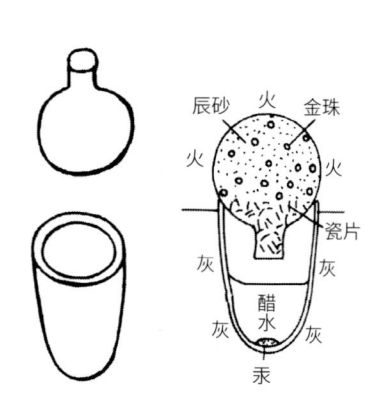

圖 5-18　石榴罐升煉器
（採自《金華沖碧丹經祕旨》）

---

[1] 六一泥：又稱「神泥」、「固濟神膠」、「六乙泥」，其配方最早見於《黃帝九鼎神丹經》，取義於「天一生水，地六成之」，是固濟封釜的一種泥狀物。

所以，石榴罐升煉器實質上是一種未濟爐。

研磨器是一種將固體物質研磨成細粉的器具。在長期實踐中，古人認識到將煉丹用的固體物質研磨成細粉，可增加反應物之間的接觸面，使反應順利進行，於是研製了各種研磨器。圖5-19為《丹房須知》中記錄的一種研磨器。

圖5-19　研磨器
（採自《丹房須知》）

水海是一種用於冷卻的器具，常替代水鼎。據《金華冲碧丹經祕旨》記載，水海是用銀做的，形如平底漏斗，裡面灌水，安置在「上釜」或神室上，使之冷卻從而達到冷凝水銀蒸氣的目的。

水銀蒸餾器上半部為反應室，盛放硃砂等藥料，下半部為加熱爐，如圖5-20所示。工作時，反應室中的硃砂受熱釋出水銀，水銀蒸氣沿旁通管道進入左側盛冷水的冷凝器中，冷凝後集於水底。此器將反應室與冷凝器分開，提高了蒸餾效率。

圖5-20　水銀蒸餾器
（採自《丹房須知》）

由上可知，水銀是煉丹的重要原料，為此，古人研製了各種水銀蒸餾器。宋人周去非在他的《嶺外代答》中記載了一種水銀蒸餾器：

> 邕人煉丹砂為水銀。以鐵為上下釜，上釜盛砂，隔以細眼鐵板。下釜盛水，埋諸地。合二釜之口於地面而封固之。灼以熾火，丹砂得火，化為霏霧。得水配合，轉而下墜，遂成水銀。

北宋的蘇頌在《圖經本草》中也記載了從丹砂中提取水銀的類似過程：

> 出於丹砂者，乃是山石中採粗次硃砂，作爐置砂於中，下承以水，上覆以盆，器外加火煅養，則煙飛於上，水銀溜於下，其色小白濁。

成書於元末的《墨娥小錄》中也介紹了一種採用水銀蒸餾器升煉水銀的工藝：

  硃砂不拘分兩，為末，安鐵鍋內，上覆烏盆一個，於肩邊取孔一個，插入竹筒，固濟，口縫合牢固，竹筒口垂入水盆水內，鍋底用火。其汞亦有在烏盆上者，掃取之，亦有自竹筒流下來。

明朝宋應星在他的《天工開物》中，記錄了蒸餾器升煉水銀（圖5-21）之法，這種方法現在中國土法生產水銀中普遍使用。

圖5-21 升煉水銀
（採自《天工開物》）

第六章　聲學儀器

　　自然界中，一切振動的物體在空氣中都能產生聲音。如風吹草動、鳥兒啼鳴、人們歌唱說話等。在漫長的歷史中，產生了多種模擬、分析、測驗聲音的獨具東方韻味的聲學儀器。

　　1. 律管

　　律管是古代用來確定音高的標準器，以管的發音來調校音高，簡稱律，相當於現在的定音管。律管為多管製，一管一音，能吹奏出標準的十二個音。根據製作材料分，有竹律、玉律、銅律等。《詩·商頌·那》中有「鞉鼓淵淵，嘒嘒管聲」[1]之句。

　　中國對「律」的計量研究，大約始於西周。據《國語·周語》記載，周景王二十三年（前522）已列出十二律名。古人用三分損益法將一個八度分為十二個不完全相等的半音，各音從低到高依次命名為黃鐘、大呂、太簇、夾鐘、姑洗、仲呂、蕤賓、林鐘、夷則、南呂、無射、應鐘。十二律中，奇數各律稱「律」，偶數各律稱「呂」，總稱「六律」、「六呂」，簡稱「律呂」。十二律有時又稱「正律」，這是相對半律（高八度各律）和倍律（低八度各律）而言。

　　《周禮·春官·典同》中說：「凡為樂器，以十有二律為之數度。」意思是說凡製造樂器，都以發出的聲音能夠符合十二律來確定它們的度數。《呂氏春秋》中說：「次製十二筒。」「筒」即「管」，意思是說必須依照六律六呂製造相對應的管。

---

[1] 淵淵：象聲詞，鼓聲；嘒嘒，也是象聲詞，吹管的樂聲。

湖南長沙馬王堆一號漢墓出土的一組律管，由長短不一的竹管組成，共12支（對應十二律），能發出12個標準音，如圖6-1所示。

晉代的荀勖將三分損益法運用到管上並且發現了管口的校正方法，製成了12支發音精準的笛，類似於今日的洞簫，為此後製作笛管樂器奠定了樂律學基礎。

圖6-1　律管
（採自《音符跳躍的地宮——曾侯乙墓的發現》）

2. 四通

四通類似於絃樂器，能彈奏出八度十二個標準音，由南朝梁武帝蕭衍（464—549）所創製。蕭衍精通樂律，創製了四具準音器，命名為「通」。每通上有三條弦，粗細長短各不同，因而發出的音高低不同。

四通實物不存，唐代的杜佑在他的《通典》中有詳細介紹：

梁武帝天監元年（502），下詔協採古樂，竟無所得。帝既素善音律，詳悉舊事，遂自製立四器，名之為通。通受聲亮，廣九寸，直長九尺，臨岳[1]高寸二分。每通施三弦。一曰元英通：應鐘弦，用百四十二絲[2]，長四尺七寸四分差強；黃鐘弦，用二百七十絲，長九尺；大呂弦，用二百五十二絲，長八尺四寸三分差弱。二曰青陽通：太簇弦，用二百四十絲，長八尺；夾鐘弦，用二百二十四絲，長七尺五寸弱；姑洗弦，用百四十二絲，長七尺二寸一分強。三曰朱明通：中呂弦，用百九十絲，長六尺六寸六分弱；蕤賓弦，用百八十九絲，長六尺三寸二分強；林鐘弦，用百八十絲，長六尺四寸四分。四曰白藏通：夷則弦，用百六十八絲，長五尺六寸二分弱；南呂弦，用百六十絲，長五尺三

---

[1] 臨岳：臨，到的意思；岳，相當於古琴中的岳山，用以支撐琴弦。
[2] 絲：古代琴弦皆用蠶絲製成，以柞蠶絲最佳。絲，指一條蠶絲。

寸三分大強;無射弦,用百二十九絲,長四尺九寸九分強。因以通聲,轉推用氣,悉無差違,而還相得中。

杜佑對蕭衍「四通」的評價:「被以八音,旋以七聲,莫不和韻。」蕭衍的做法,摒棄了以管定律的做法,是對樂律學的探索和革新。

3. 琴

琴,是一種絃樂器,有五弦與七弦之分,以蠶絲、銅絲或鋼絲振動發聲。《禮記·樂記》中說:「昔者舜作五弦之琴以歌《南風》。」這種五弦琴是以五聲音階為基礎,定調彈奏出各種樂曲。七弦琴,俗叫「古琴」,是以七聲音階為基礎,定調彈奏出各種樂曲。古琴,為中國古代樂器之王。

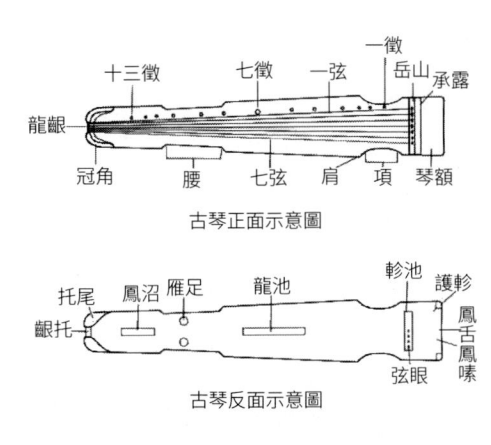

圖 6-2 古琴

魏晉時期的嵇康在《琴賦》中說:「眾器之中,琴德最優。」唐人顧況在《王氏廣陵散記》中說:「眾樂,琴之臣妾也。」古琴在周代已出現,琴面標誌泛音位置及音位的徽,如圖 6-2 所示,在漢代定型,魏晉以後,形制和現在的大致相同。琴身木質,為狹長形。面板用桐木或杉木製成,外側有徽 13 個,底板開有大小不同的出音孔兩個,稱「鳳沼」、「龍池」。琴面張弦 7 根,演奏時右手彈弦,左手按弦,有吟、揉、綽、注等手法,音域較寬,音色變化豐富,形成了獨特的演奏藝術和各具特色的多種流派。

在長期的歷史發展中,古人對弦振動頻率的確定進行了一定的基礎性研究。如在實際操作中知道了音調與弦長的關係,還懂得了音調與弦的密度之間的關係。據《韓非子·外儲說左下》記載:「小弦大聲,大弦小聲。」

漢代劉安的《淮南子·詮言訓》中也有類似的記載:「譬如張琴,小弦雖急,大弦必緩。」

以上規律在其他絃樂器中也適用。如我們常見的二胡，內弦即老弦，弦線密度較大，張力較小，因此振動頻率較低，聲音就低沉；外弦即子弦，弦線密度較小，張力較大，故振動頻率較高，聲音也高。

4. 磬

磬，是用石或玉製作的攻擊樂器，用木槌擊奏，是板振動的典型實物。

中國磬的產生，起源於某種片狀石製勞動工具，可追溯到新石器時期。人們錘擊石塊或雕琢石塊時，發現各異的石料，或大小厚薄不同的同種石料，會發出不同的聲音。於是人們把它們懸掛起來，用木棍敲擊，發出不同的聲音，並逐漸成型，成為一種攻擊樂器（圖6-3）。商代時已有單一的特磬（圖6-4）。從殷墟出土的磬來看，有半圓形和曲折形兩種，後多作曲折形。周代出現了由十幾個磬相次組成的編磬，懸掛在木

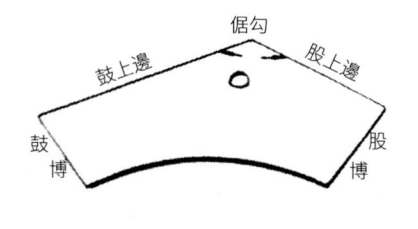

圖6-3 磬

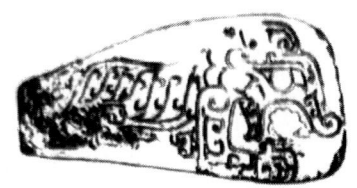

圖6-4 商代特磬

架上，如圖6-5所示，以後各時代形制大小不一，枚數不等。《初學記》卷十六引《三禮圖》：「凡磬十六枚同一簨虡[1]謂之編磬。」清乾隆時的玉製者各枚大小一律，因厚薄相異而發出不同的聲音。

磬的調音技術，在戰國時已非常成熟，《考工記·磬氏》中說：「已上則摩其旁，已下則摩其端。」鄭玄注曰：「太上，聲清也，薄而廣則濁；太下，聲濁也，短而厚則清。」

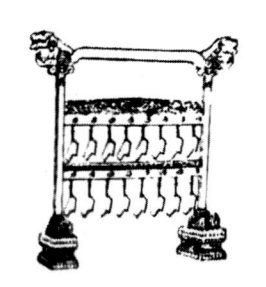

圖6-5 編磬

「上」、「下」指聲音的高低，即磬的發音頻率的高低。當感覺到磬的

---

[1] 簨（ㄐㄩˋ）：懸掛鐘、磬木架的兩側立柱，橫梁叫「筍」。

發音頻率過高時，就磨薄磬的兩面，使其變薄，這樣就能使磬的振動頻率降低；當感覺到磬的發音頻率過低時，就磨磬的兩端，使磬相對變厚，就能將音調升高了。

唐代賈公彥在疏解《考工記·磬氏》中也說：「凡樂器，厚則聲清，薄則聲濁。」

磬受到槌擊時，是板振動，其振動頻率正比於厚度。磬的調製方法是符合板振動的規律的。

5. 鐘

鐘是中國古代傳統攻擊樂器，形略扁圓而中空。在古代，鐘不僅是樂器，還是象徵地位和權力的禮器。八音齊鳴，賴金以動聲，鐘為眾樂之首。鐘的尺度和音律與曆算、權衡密切相關，也是古代朝聘、祭祀等禮儀活動的必備樂器。

鐘具有獨特的結構，一般都能奏出頻率確定的音。鐘多由青銅鑄成，奏低音時，音色深沉渾厚；奏高音時，音色清脆激揚，演出效果極佳。有些鐘還具有雙音結構，可以發出兩個不同音高的聲音。這種鐘在其鼓體的中部標有一個敲擊點，相應的發音稱為正鼓音；在鼓體的旁側標有另一個敲擊點，發音稱為側鼓音，品質佳的鐘，這兩個音位標誌清楚，而且兩個音的頻率比大約為 1∶1.2，相當於音程間隔上的三度關係。從中可見中國古代鐘的音響設計是十分出色的。清代劉獻廷在《廣陽雜記》中載：

> 江寧孝陵之側為靈谷寺，大殿懸齊景陽鐘。鐘界為二十四方，方懸十杵焉。界各為律，清濁高下，各為一音，略如今之韻鑼焉。而備於一鐘，異哉。

鐘的音色與鐘的材質密切相關。《考工記》對鐘的材質作出了嚴格規定，有「金有六齊」之要求：

> 金有六齊，六分其金而錫居一，謂之鐘鼎之齊。

意思是青銅合金有六種，銅與錫的比例為 6∶1 的，是鑄鐘鼎的最好材

料。今人對此做過多方面的實驗分析,發現錫的含量略高於 14% 最為合適,即六份銅、一份錫效果最好。這說明古時的人們對鐘的鑄造已有深入認識。

古人在鑄造和使用實踐中,對鐘的形制也提出了科學的要求,《考工記·鳧氏》記載:

> 薄厚之所震動,清濁之所由出,侈弇之所由興,有說。鐘已厚則石,已薄則播,侈則柞,弇則鬱,長甬則震。

清,音調較高;濁,音調較低。清濁由振動頻率的高低決定。侈,鐘腹小而鐘口偏寬;弇,鐘腹大而鐘口偏窄。石,聲如擊石(沉悶)。柞,聲音大而外傳。鬱,聲音較小且憂鬱不揚。鐘的厚薄關係到振動頻率,這是鐘聲清濁的原因。鐘口的侈大或弇狹也有影響。鐘壁過厚,聲如擊石,鐘聲不易發出;鐘壁太薄,鐘聲響而播散;若鐘口侈大,則聲音大而外傳,有喧嘩之感;若鐘口弇狹,聲音就憂鬱不揚;如果鐘甬太長,鐘聲會發顫。

《考工記·鳧氏》中還說:「鐘大而短,則其聲疾而短聞;鐘小而長,則其聲舒而遠聞。」這實際上是論述了振動的幅度、聲音的響度及傳播遠近的關係。

鐘的形狀對發聲的影響較大。《周禮》對不同形狀的鐘的音響效果作了精闢的分析:

> 凡聲:高聲硍,正聲緩,下聲肆,陂聲散,險聲斂,達聲贏,微聲韽,回聲衍,侈聲柞,弇聲鬱,薄聲甄,厚聲石。

經多種方法證明,《考工記》和《周禮》對鐘的特性分析,符合現代的科學原理,是古人在製造和使用各種鐘的實踐中獲得的豐富經驗的總結。秦漢以後,鑄鐘技藝逐漸失傳,有關記述成為歷史的寶典,所以具有很高的科學價值和歷史價值。

古代適用於演奏的鐘「口形」是扁的,故稱為扁鐘(圖 6-6),宋代沈括在《夢溪筆談》中,對扁鐘作了精闢的科學分析:

第六章 聲學儀器

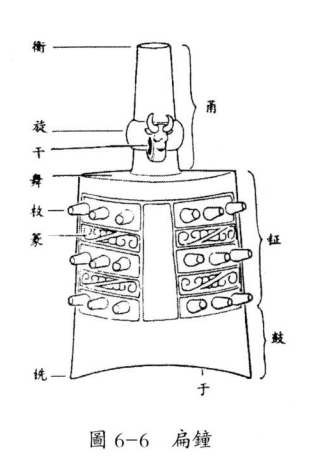

古樂鐘皆扁，如合瓦。蓋鐘圓則聲長，扁則聲短，聲短則節，聲長則曲，節短處聲皆相亂，不成音律。後人不知此意，悉為扁鐘，急叩之多晃晃爾，清濁不復可辨。

鐘體上一個個突出的乳頭狀物，叫做鐘枚，它們對於改善鐘的音響效果也有作用。據王黼《博古圖》中記載：「宋李照號為知樂，其論枚乳則以謂用節餘聲。蓋聲失以節，則

圖 6-6 扁鐘

鍠鍠成韻而隆殺雜亂，其理然也。」鐘枚作為鐘體上的部件，是加速鐘音衰減的一種負載，具有消耗振動能量的作用，因而可以節制餘音，改善鐘聲，並不是多餘的裝飾。

扁鐘用於演奏，往往不是一個而是一組，由大小不同的扁鐘按音調高低的次序排列起來，懸掛在一個巨大的鐘架上，稱為編鐘。近代出土的周代編鐘各枚大小不同，河南信陽出土的春秋末期的編鐘有 13 枚。在湖北曾侯乙墓中出土的一組編鐘，規模宏大，竟有 64 枚之多，如圖 6-7 所示。編鐘每鐘可發出兩個樂音，呈三度諧和音程。整套編鐘的音階與現今 C 大調七聲音階同列，音域寬廣，包含 5 個八度，其中心音域 12 個半音齊全，可以旋宮轉調。這套編鐘的鑄造，顯示了中國古代青銅鑄造工藝和音律學的高度發展，在世界音樂史上具有劃時代的意義。

圖 6-7 曾侯乙墓中出土的編鐘
（採自《音符跳躍的地宮——曾侯乙墓的發現》）

6. 噴水魚洗

噴水魚洗是一種特製的銅盆。所謂「洗」，是古代盥洗用的青銅器皿，形似淺盆，盆邊附有一對提耳，盆底刻畫魚或龍的圖樣（圖 6-8）。注

水於洗內，用手心摩擦兩耳時，除有嗡嗡的響聲外，洗內有水柱噴出，高半公尺以上，水面出現駐波紋，形成浪花，顯得十分神奇。

洗的振動屬於殼振動，是一種規則的類似圓柱形殼的振動。振動以波的形式傳播，所以我們從洗的振動中能看到兩列波相互疊加的現象——噴水現象。

魚洗能夠噴水，是什麼原理呢？如有兩列振幅相同的相干波，在同一直線上沿相反方向傳播時，會產生一種特殊的干涉現象，如圖6-9所示，點A、B、C等處，振幅為零，稱為波節；點D、E、F、G等處振幅最大，稱為波腹，這種現象稱為「駐波」。駐波的一個重要特點是波

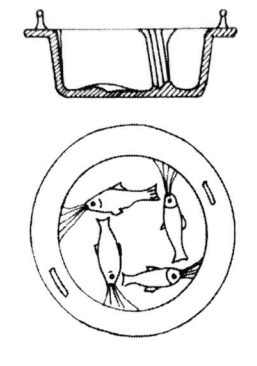

圖6-8 洗的側壁和底面（採自《中國古代科學技術史綱——理化卷》）

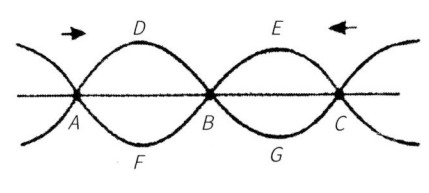

圖6-9 駐波

形和能量沒有傳播，始終「駐守」在一個地方。當兩手摩擦魚洗的雙耳時，引起魚洗的振動，於是有嗡嗡之聲。由於水面與魚洗接觸的周界不是完全固定的，因而整個周界不再是一條節線，只是在有的部位形成波節，有的部位形成波腹，在波腹處振動能量最大，振動最為強烈，於是有水柱噴出。

如圖6-10為魚洗周壁作4、6、8節線振動的情況。

洗，作為盥洗用的器皿，在周代即有，到漢代已很普遍。

據清代徐珂在《清稗類鈔》中記載：

古州城外河街，有陳順昌者，以錢二千向苗人購一古銅

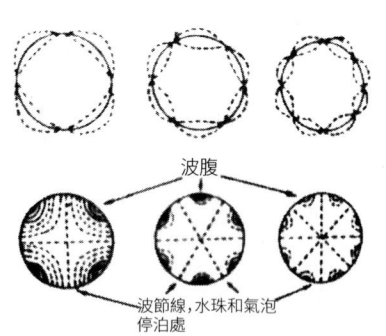

圖6-10 魚洗周壁作4、6、8節線振動示意圖（上）及其作4、6、8節線振動的水面模式圖（下）（採自《中國古代物理學》）

鍋,重十餘斤。貯冷水於中,摩其兩耳,即發聲如風琴、如蘆笙、如吹牛角。其聲嘹亮,可聞里餘。鍋中冷水,即起細沫如沸水,濺跳甚高。水面四圍成八角形,中心不動。傳聞為古代苗王遺物。鍋上大下小,遍體青綠,兩耳有魚形紋。

這則描述,是噴水魚洗無疑,可見中國的少數民族也早早地使用魚洗。

7. 魚群探測器

魚群探測即利用魚群的活動或其本身發出的聲音,以某種器具探測魚的方位和數量,以實現捕撈,獲得豐收。中國古代漁民很早就發明了以去節竹筒探聽水下魚群的方法。竹筒的功能類似現代的聲吶。將去節的長竹筒深入水中,收集魚群的活動聲(如魚群在水下用鰭、尾撥水,用鰓呼吸的聲音),從而確定魚群的方位及魚群的多寡,以便下網捕撈,這就是最早的魚群探測器。

這種簡易的魚群探測器,在明代文學家田汝成的《西湖遊覽志餘》中已有記載:

> 杭人最重江魚,魚首有白石二枚,又名石首魚。每歲孟夏,來自海洋,綿亙數里,其聲如雷,若有神物驅押之者。漁人以竹筒探水底,聞其聲乃下網截流取之,有一網而舉千頭者。

明代王士性,在他著作《廣志繹》中也寫道:

> 浙漁俗傍海網罟,隨時弗論,每歲一大魚汛,在五月石首發時,即今之所稱鯗者。寧、台、溫人相率以巨艦捕之,其魚發於蘇州之洋山,以下子故浮水面,每歲三水,每水有期,每期魚如山排列而至,皆有聲。漁師則以篙筒下水聽之,魚聲向上則下網,下則不,是魚命司之也。

這是中國古代聲學運用於生產的例子。明代藥物學家李時珍在他的《本草綱目》中亦有類似的記載。

古代的魚群探測器,靠收集魚群發出來的聲音,以判斷是否可下網

圍捕。現在的探魚儀，是主動發順差聲波，探索魚群，以便捕撈。探魚儀是利用水中超音波的回波探測魚群，由發射器、換能器、接收器和記錄監視器等組成。由發射器產生的電脈衝經換能器轉換成超音波向水中發射，遇到魚群產生的回波再轉換為電脈衝，經接收器放大，由記錄器或監視器顯示出魚群的位置、數量及分佈範圍。科學探魚儀還有電腦控制和積分儀等裝置，按探測到的魚群棲息水層，自動調節漁具，測算魚群總量，儲存各魚群情況，進行比較分析研究。

8. 共振器

共振，也叫共鳴。當振動系統作受迫振動時，而外力的頻率與其固有頻率相等或接近時，振幅急劇增大的現象稱為「共振」。發生共振時的頻率稱為共振頻率。

中國古代對共振現象早有認識，也有廣泛應用，尤其在樂器上，如琴、瑟、三弦、二胡等，都帶有一個琴筒（或箱），就是利用共振原理來增強樂器的音響效果。

關於共振現象的記載，散見於各類典籍，如《易傳·乾文言》中記載：

> 同聲相應，同氣相求。

孔穎達疏曰：「同聲相應者，若彈宮而宮應，彈角而角動是也。」

《呂氏春秋·恃君覽·召類》中記載：

> 類同相召，氣同則合，聲比則應。故鼓宮而宮應，鼓角而角動。

《淮南子·齊俗訓》中也說：

> 故叩宮而宮應，彈角而角動，此同音之相應也。其於五音無所比，而二十五弦皆應，此不傳之道也。

《莊子·徐無鬼》中記載了一個共振實驗：

> 於是為之調瑟，廢一於堂，廢一於室，鼓宮宮動，鼓角角動，音律同矣。夫或改調一弦，於五音無當也。鼓之，二十五弦皆動，未始異於聲，而音之君已。

意思是將兩張瑟調好音後,放一張在廳堂上,放一張在側室內。在室內彈奏宮音,堂上的瑟也響起宮音;在室內彈奏角音,堂上的瑟也響起角音,這是音律相同的緣故。要是有一弦改調,同五音不合,彈奏它,二十五弦都動,聲調並沒有差別,只是以音為主而已。這個實驗中,莊子不僅指出了基音的共振現象,還記載了泛音與基音的共振現象。

北宋的沈括精通樂律,他發現了管與弦的共振現象,並在《夢溪筆談》中記載:

> 予友人家有一琵琶,置之虛室[1],以管色奏雙調[2],琵琶弦輒[3]有聲應之,奏他調則不應,寶之以為異物,殊不知此乃常理。二十八調[4],但有聲同者即應;若遍二十八調而不應,則是逸調[5]聲也。古法,一律有七音,十二律共八十四調。更細分之,尚不止八十四,逸調至多。偶在二十八調中,人見其應,則以為怪,此常理耳。此聲學至要妙處也。

此外,沈括還用紙人實驗演示共振,比西方同類實驗要早幾個世紀。他在《夢溪筆談》中記載了這個實驗:

> 欲知其應者,先調諸弦令聲和,乃剪紙人加弦上,鼓其應弦,則紙人躍,他弦則不動。聲律高下苟同,雖在他琴鼓之,應弦亦振,此之謂正聲。

由共振引起的器物自鳴現象,在中國古籍中多有記載。如《漢書·東方朔傳》載:

> 孝武皇帝時,未央宮前殿鐘無故自鳴,三日三夜不止……更問東方朔,朔曰:「……山恐有崩弛者,故鐘先鳴。」……居三

---

[1] 虛室:空房間。
[2] 管色奏雙調:管色,即管樂器;雙調,為燕樂二十八調之一。
[3] 輒(ㄓㄜˊ):總是。
[4] 二十八調:以七聲配十二律,理論上可得八十四調,但古樂中並不全用。宋代的燕樂以宮、商、角、羽四聲,每聲配黃鐘、大呂、夾鐘、仲呂、林鐘、夷則、無射七調,即所謂燕樂二十八調。
[5] 逸調:指二十八調以外的音。

日,南郡太守上書言,山崩延衺二十餘里。

南朝宋劉敬叔在《異苑》中記載了魏都洛陽大鐘自鳴現象:

> 魏時殿前大鐘無故大鳴,人皆異之,以問張華。華曰:「此蜀郡銅山崩,故鐘鳴應之耳。」尋蜀郡上其事,果如華言。

在《異苑》中,還記載了另一則器物共振現象:

> 晉中朝有人畜銅澡盤,晨夕恆鳴如人扣,乃問張華。華曰:「此盤與洛鐘宮商相應,宮中朝暮撞鐘,故聲相應耳。可錯令輕,則韻乖,鳴自止也。」如其言,後不復鳴。

唐人韋絢的《劉賓客嘉話錄》中也記載了一則「僧房磬自鳴」的故事:

> 洛陽有僧,房中磬子,日夜輒自鳴。僧以為怪,懼而成疾,求術士百方禁之,終不能已。曹紹夔素與僧善,夔來問疾,僧具以告。俄擊齋鐘,磬復作聲。紹夔笑曰:「明日設盛饌,余當為除之。」僧雖不信紹夔言,冀或有效,乃力置饌以待。紹夔食訖,出懷中錯[1],鑢磬數處而去,其聲遂絕。僧問其所以,紹夔曰:「此磬與鐘律合,故擊彼應此。」僧大喜,其疾便愈。

共振在古代還應用於軍事偵察。《墨子》中記載,在戰爭中,守軍在城內沿城牆每隔一定距離挖井,井內埋設陶缸,缸口緊繃薄牛皮,派人監聽,可以聽到敵人攻城的聲音,且可判斷其方向。

這種利用固體傳聲和氣腔共振的方法,在唐代被稱為「地聽」。李筌的《神機制敵太白陰經》中記載:

> 地聽:於城中八方穿井,各深二丈,令人頭覆戴新甖,於井中坐聽,則城外五百步之內有掘城道者並聞,於甖中辨方所[2]遠近。

宋代沈括在《夢溪筆談》中記述:

---

[1] 錯:銼刀,即鑢,亦謂磨刀石。
[2] 方所:方向處所。

第六章　聲學儀器

古法以牛革為矢服[1],臥則以為枕。取其中虛,附地[2]枕之,數里內有人馬聲,則皆聞之。蓋虛能納聲[3]也。

把箭筒放在地上當枕頭,能聽到遠處的人馬聲。一是聲波通過土石將聲音傳入人耳;二是聲波傳到箭筒,引起箭筒內空氣柱的共振,這就是「虛能納聲」的道理。

---

[1] 矢服:即矢箙,為盛箭器。
[2] 附地:貼著地面。
[3] 納聲:接受聲音。

第七章　電磁學儀器

中國古代對磁學與靜電學的研究居世界領先地位，其中指南針的發明及其在航海領域中的應用，大大改變了世界發展的進程，也為電磁學的建立與發展奠定了基礎。

1. 磁鐵

磁鐵俗稱吸鐵石。磁鐵不僅能吸引鐵質物體，還能吸引鈷、鎳等，即所謂「鐵磁性」物質。

中國古代很早就發現某種天然礦物具有磁性，能吸引鐵質物體，正如《呂氏春秋·精通》所說：「慈石召鐵，或引之也。」《淮南子·說山訓》中又說：「慈石能引鐵，及其於銅，則不行也。」這是中國古代最早對磁石的認識，也是「吸鐵石」一詞的由來。磁鐵的發現，使人們豐富和擴大了對物質世界的認識。

中國產磁石最有名的地方是磁州，轄境相當於今河北省的邯鄲、武安、磁縣等地。磁州是隋開皇十年（590）設立的。唐時才將「慈」字改為「磁」。

磁石在中國古代應用廣泛。在古代手工業生產中，常利用磁石吸鐵的特性。中國製瓷業歷史悠久，生產的瓷器釉色光亮。這就要求釉水中不能有雜質，尤其是鐵屑。瓷工利用磁石來吸引釉水中的鐵屑，保證釉水純淨，這樣燒製出來的瓷器才無棕紅色、黑色的斑點。

中國河流縱橫，利於航運，但好多河流流經有磁石之地。若船上的鐵釘等為磁石所吸引，船不僅航速減緩，還有散架的風險。宋代周去非的《嶺外代答》就有記載：

今蜀舟底以柘木為釘，蓋其江多石，不可用鐵釘，而亦謂蜀江有磁石山，得非傳聞之誤。

東漢楊孚的《異物志》中也有類似記載，在南海諸島周圍有一些暗礁淺灘含有磁石，磁石經常把經過的「以鐵葉固之」的船舶吸住，使其航行艱難。

天然磁石在醫藥方面有很大的用處。磁石性寒、味鹹，具有鎮驚安神、平肝潛陽、納氣平喘、聰耳明目的功效，為中藥要藥。南朝齊梁陶弘景在《名醫別錄》中說：「慈石，味鹹，無毒。主養腎臟，強骨氣，益精，除煩，通關節，消癰腫，鼠瘻，頸核，喉痛，小兒驚癇，練水飲之。亦令人有子。一名處石。生太山及慈山山陰，有鐵者則生其陽，採無時。」在司馬遷的《史記》中，亦有「五石散」的記載，磁石就是五石之一。

在古代，關於磁石在軍事上的應用也有不少記載。《晉書・馬隆傳》記載，馬隆在隴西作戰時命士兵：「或夾道累磁石，賊負鐵鎧，行不得前，隆卒悉被犀甲，無所留礙，賊咸以為神。轉戰千里，殺傷以千數。」

北魏地理學家、散文家酈道元在《水經注》中記載：

  鄗水北逕清泠臺西，又逕磁石門西，門在阿房前，悉以磁石為之，故專其目。令四夷朝者，有隱甲懷刃入門而脅之以示神，故亦曰卻胡門也。

西晉文學家潘岳的《西征賦》中也曾提及：「門磁石而梁木蘭兮，構阿房之屈奇。」

據說元代成吉思汗的鐵騎過一磁石山，馬不能前，像灌了鉛似的舉步維艱。那是因為馬蹄均釘有鐵掌，被磁石山的磁石吸引之故。

2. 司南

司南是利用磁石指極性製成的方向儀器，如圖 7-1 所示。

中國古代關於司南的記載，始見於戰國時代成書的《鬼谷子》：「故鄭人之取玉也，載司南之車，為其不惑也。」

《韓非子・有度篇》中也有提及：

夫人臣之侵其主也，如地形焉，即漸以往，使人主失端，東西易面而不自知。故先王立司南以端朝夕。

東漢時，王充在《論衡》中對司南的形狀及使用有了更明確的記述：

圖7-1　司南（採自《四大發明》）

司南之杓，投之於地，其柢指南。

「杓」，是古代對北斗七星柄部三顆星的稱呼，又叫「斗柄」；「地」，即地盤；「柢」，即握柄。

唐代韋肇在他的《瓢賦》中也有關於司南形狀的描述：

器為用兮則多，體自然兮能幾？惟茲瓢之雅素，稟成象而瑰偉……挹酒漿，則仰惟北而有別；充玩好，則校司南以為可。

據韋肇的描述，我們可以想像司南之形近於瓢。

司南被認為是指南針的前身，但因為天然磁鐵磁性不強，加工時又易失磁，難以克服與地盤的摩擦力而正確指示方向，故未能被廣泛應用。

3. 指南針

指南針又稱指北針，是利用地球磁力線的南北指向性而製成的機械裝置，用以幫助人們確定方向、指示方位，是中國古代四大發明之一。

早在春秋戰國時期，人們就發現了磁石的指向性，並製成了司南。隨後不斷改進完善，設計出了指南魚、羅盤、水羅盤、指南龜、指南車等各種形式的指向器物。

到了宋代，指南針的發展到了一個新的階段，人工磁體代替了天然磁石，磁針代替了磁勺或磁魚。沈括在《夢溪筆談》中，不僅記載了人工磁化鐵針的方法，還描述了磁偏角現象：

方家以磁石磨針鋒，則能指南，然常微偏東，不全南也。

如何將磁化了的鋼針支起來，讓它自由轉動，最後停在南北指向的位置上，沈括在《夢溪筆談》中作了詳細的介紹：

水浮多蕩搖。指爪及碗唇上皆可為之，運轉尤速，但堅滑易墜，不若縷懸為最善。其法取新纊中獨繭縷，以芥子許蠟，綴於針腰，無風處懸之，則針常指南。

沈括還具體介紹了裝置磁針的四種懸掛方法：指爪法、絲懸法、水浮法、碗唇法，如圖7-2所示。

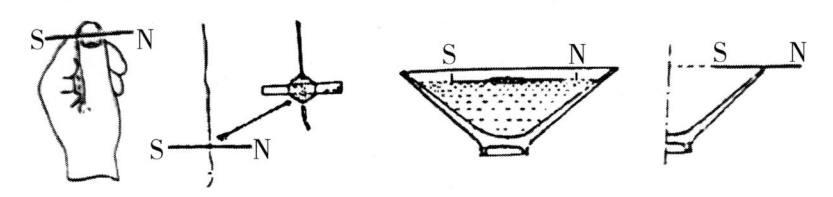

圖7-2 指南針的四種裝置方法示意圖

北宋藥物學家寇宗奭在《本草衍義》中也介紹了磁針的絲懸法和水浮法，一並指出了磁偏角的存在：

磨針鋒，則能指南，然常偏東，不全南也。其法取新纊中獨縷，以半芥子許蠟，綴於針腰，無風處垂之，則針常指南。以針橫貫燈心，浮水上，亦指南。

北宋的曾公亮在《武經總要》中詳細介紹了一種指南魚的製作方法：

以薄鐵葉剪裁，長二寸，闊五分，首尾銳如魚形，置炭火中燒之，候通赤，以鐵鈐鈐魚首出火，以尾正對子位，蘸水盆中，沒尾數分則止，以密器收之。

曾公亮的指南魚製作方法，不僅數據確切，考慮到淬火消磁及利用地磁場磁化指南魚，還指出保持磁性的方法，即「以密器收之」。

南宋陳元靚在《事林廣記》中記述了指南魚和指南龜的製作方法。

造指南魚（圖7-3）：以木刻魚子，如母指大，開腹一竅，陷好磁石一塊子，卻以蠟填滿，用針一半僉從魚子口中鉤入，令沒放水中，自然指南，用手撥轉，又復如初。

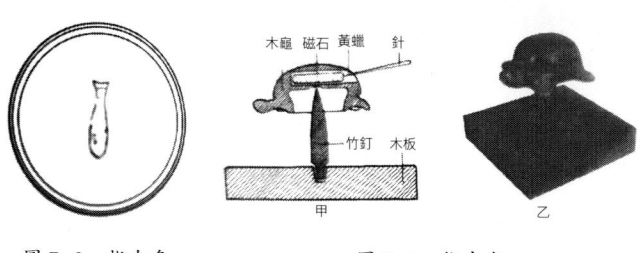

圖 7-3　指南魚　　　　　　　圖 7-4　指南龜

造指南龜(圖7-4甲、乙)：以木刻龜子一個,一如前法製造,但於尾邊敲針入去,用小板子,上安以竹釘子,如箸尾大。龜腹下微陷一穴,安釘子上,撥轉常指北,須是針尾後。

指南針的發明,推動了科學技術、經濟、文化的發展,促進了社會進步。12世紀左右,指南針經由印度、阿拉伯傳及歐洲。指南針應用在航海上,是全天候的導航工具,彌補了天文導航、地文導航的不足,開創了人類航海史的新紀元。

4. 羅盤

羅盤,又叫羅經儀,由帶有方位刻度的圓盤和中間裝置一根可以水平轉動的磁針構成。靜止時,磁針大致指南北方向,所以也是一種方向指示儀器,如7-5所示。

早期的羅盤分水羅盤和旱羅盤兩類。水羅盤的裝置方法是用圓木做一標有方位的羅經盤,中心挖一盛水用的凹洞,把磁針橫穿浮漂,放在凹洞中,利用浮漂的浮力和水的滑動力,磁針指示南北。旱羅盤則是用一根尖的支柱,支在磁針的重心處,盡量減少支點的摩擦力,使磁針在支柱上靈活轉動以正確指示南北方向。兩者相比,旱羅盤比水羅盤更優越、更適用於航海,因為它有固定的支點,更為穩定準確。

圖 7-5　羅盤

1985年5月,在江西臨川縣窯背山南宋邵武知軍朱濟南墓葬中出土了手抱羅盤的瓷俑(圖7-6),這一發現證明中國在南宋時期已有羅盤。

圖 7-7 為明清時期的三種羅盤。

5. 頓牟

中國古代對電的認識是從雷電及摩擦起電現象開始的。頓牟,即玳瑁,一種能夠摩擦起電的物質。

早在東漢時期已有關於靜電現象的記載,如東漢王充在其《論衡·亂龍篇》中記載:

> 頓牟掇芥,磁石引針。

東晉時郭璞在其《山海經圖贊》中也說:

> 磁石吸鐵,玳瑁取芥。

還有一種琥珀,也能摩擦起電。如

圖 7-6 手抱羅盤的瓷俑(採自《中國古代手工業工程技術史》)

圖 7-7 明、清時期的三種羅盤(採自《四大發明》)

《三國志·吳書》中記載:

> 虎魄不取腐芥,磁石不受曲針。

古人還做過不少靜電實驗。如唐代段成式在《酉陽雜俎》中記載:

> 黑者,暗中逆循其毛,即若火星。

明代都卬在《三餘贅筆》中記載:

> 吳綾為裳,暗室中力持曳,以手摩之,良久火星星出。

「吳綾出火」,亦是一種摩擦起電現象。遺憾的是,中國古代關於電與磁的認識儘管極為豐富,但關於電與磁現象的本質及解釋均不清晰,缺乏深入細緻的研究。

6. 鴟吻

中國歷代有大量關於雷電和尖端放電現象的記載,也做了許多關於避雷的行之有效的工作。鴟吻就是一種防火鎮水兼有避雷作用的建築構件,如圖 7-8 所示。

圖 7-8 鴟吻

中國古代建築有很多頗具特色的避雷設計。如五臺山的寺廟建築，利用周圍環境和對建築材料的特殊處理，以防雷擊；很多塔的頂部，常裝飾成串的葫蘆瓶，葫蘆瓶有多種色彩，顏料中含有金屬氧化物，亦有防雷擊作用。一些大型建築，屋脊兩端，都飾有鴟吻，龍頭魚尾，龍鬚由金屬絲做成，並將金屬絲直插地下，也是為了防雷擊。《舊唐書·玄宗紀上》記載：

開元十四年六月戊午，大風，拔木發屋，毀端門鴟吻。

宋人吳處厚在《青箱雜記》中說：

海有魚，虯尾似鴟，用以噴浪則降雨。漢柏梁臺災，越巫上厭勝之法，起建章宮，設鴟魚之像於屋脊，以厭火災，即今世鴟吻是也。

可見自漢代起，鴟吻有興雨防火的喻義，又能避雷電，可謂一物兩用。

現代的避雷針，又叫接閃桿，是用來保護建築物、高大樹木等避免雷擊的裝置。一般將金屬棒安裝在一個地區的最高處，如圖7-9所示，用導線連接埋入地中，把這個地區內的高空雷電引向自身，瀉入大地中，以保護建築物、高大樹木等免遭或少遭雷擊。

圖7-9 避雷針

第八章　光學儀器

　　光學一般分為幾何光學、物理光學和量子光學。幾何光學是中國古代光學發展得較早的領域,古人在這方面取得了一定的成就。玻璃是物理光學的重要原料,中國古代較重視飾品的製造,而缺乏對折射光學的研究,但是在大氣光象方面的研究獨具特色,並取得了許多成就。西學東漸後,中國的光學儀器製造有長足的進步,形成了自己的光學儀器製造體系。

1. 青銅鏡

　　青銅鏡是一種照人鑑物的平面鏡,由青銅所製的使用器物,也是精美的工藝品。據史料記載,自商周時代起,古人就用青銅做鏡子,背面雕有各類紋飾。

　　從目前來看,中國已發現的最早的青銅鏡是齊家文化時期的青銅鏡(圖 8-1)。商代已進入發達的青銅時代,並由水鑑的啟發鑄成青銅鏡。《考工記》中說:「金有六齊……金錫相半,謂之鑑燧之齊。」可知青銅鏡的成分是銅錫各半,用鏡範澆鑄,鑄成後要敲掉鏡範,再經磨拭才能照人鑑物。

圖 8-1　齊家文化時期的青銅鏡

　　墨家最早提出鏡面對稱的物理認識,並指出青銅鏡所成的像是虛像,《墨經》中有詳細的記述:

　　《墨經·經下》記載:「臨鑑而立,景倒。多而若少,說在寡區。」

　　《墨經·經說下》記載:「臨正鑑,景寡,貌態,白黑,遠近,杝正,異於

光。鑑景就當俱,去亦當俱,俱用北。鑑者之桌,於鑑無所不鑑,桌之景無數,而必過正,故其同處其體,俱然鑑分。」

「臨」,為自上俯下,即將平面鏡橫置,鏡中呈現一倒像,猶如人站在河邊,看到景物的倒像。「多而若少」,當兩面平面鏡平行放置時,平面鏡中多次重複反射可得到很多一樣的像。「區」,即區別,得到的像是完全相同的,沒有什麼區別。

文中「正鑑」,即平面鏡,「景寡」,鏡中只一種像。平面鏡成的像,形態、顏色、位置、正斜與實物都是一樣的。由於光的反射,實物各部分無不被反射出來。「俱」,即「偕」;「北」,即「背」。照平面鏡時,像與物對稱,分立在平面鏡的兩邊,當物體移動時,像亦移動,但像與物的移動始終是相反的。「桌」,即短棒,它在兩面相向放置的平面鏡中,必成無數個像,由於兩面平面鏡平行放置,短棒所成的像必是倒立的。每面平面鏡都是按對稱規律成像。

從《墨經》中關於平面鏡成像的描述可知,當時人們所認知的鏡面對稱,與現代科學原理基本上是相符的。

2. 景符

景符是根據小孔成像原理製成的觀察儀器,是為了提高圭表的日影測量精度而設計的。

立表測影,表的高度一般為八尺,表影很短,表影邊緣模糊,測量誤差很大,郭守敬首創高表,把表身高度增加到四十尺,提高五倍,表影也加長了五倍,測量數據精確多了。但高表還不能徹底解決表影邊緣不清晰的問題。由於空氣中的物質對日光的漫反射,使表影端變得模糊不清,影響測量精度。冬至前後,表影分佈範圍廣,表影端模糊現象尤為嚴重,使觀測者難以判定表影端的位置,這在《元史》中曾被提及:

按表短則分寸短促,尺寸之下所謂分秒太半少之數,未易分別;表長則分寸稍長,所不便者景虛而淡,難得實影。

這段話意思是高表可以提高測量精度,但高表的缺點是表影端的影

子難以看清楚,給測量帶來困難。景符的發明就解決了這個難題,《元史》記錄了景符的結構、使用方法和測量結果:

> 景符之制,以銅葉[1],博[2]二寸,長加博之二,中穿一竅,若針芥然。以方匱為趺[3],一端設為機軸,令可開闔[4],楮[5]其一端,使其勢斜倚[6],北高南下,往來遷就於虛梁[7]之中。竅[8]達日光,僅如米許,隱然見橫梁於其中。舊法一表端測晷,所得者日體上邊之景。今以橫梁取之,實得中景,不容有毫末之差。至元十六年己卯夏至晷景,四月十九日乙未景一丈二尺三寸六分九厘五毫。至元十六年己卯冬至晷景,十月二十四日戊戌景七丈六尺七寸四分。

根據這段記述,我們可以了解景符的結構如圖 8-2 所示。景符的主要部件是一塊銅片,中央開一小孔。銅片安裝在一個架子上,下端是軸,另一端可以斜撐起來,撐的角度可以自由調節,架子在圭面上可以前後移動。當太陽、表頂端的橫梁、小孔三者成在一條直線上時,在

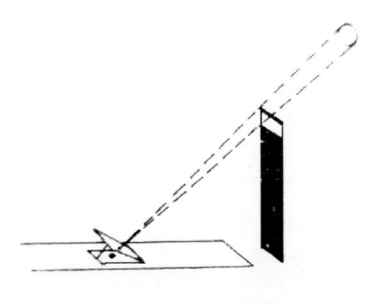

圖 8-2 景符示意圖

圭面上可看到一個米粒大小的光斑,光斑中間還有一條清晰的橫線,通過橫線在圭面上的位置就能精確地讀取表的影長。

景符的另一改進是用橫梁代替了表端,用景符觀測橫梁與太陽的像,當橫梁的像平分太陽的像時,所得的就是日面中心的影長,避免了本

---

[1] 銅葉:薄銅片。
[2] 博:大。這裡指闊。
[3] 趺(ㄈㄨ):碑下的石座。這裡指景符的座。
[4] 闔:關閉,通「合」。
[5] 楮(ㄓㄨ):柱子下面的墩子,引申為支柱、支撐。
[6] 斜倚:傾斜。
[7] 虛梁:梁影。
[8] 竅:小孔。

影、半影問題，以獲得準確的結果。

郭守敬根據小孔成像原理發明的景符，成功地解決了傳統立表測影技術面臨的重大難題，是中國古代測量技術的一項重要成就。

3. 潛望鏡

潛望鏡是在隱蔽處所觀察外界情況時，常用的一種光學儀器。最簡單的潛望鏡，由兩塊與觀察方向成45°角的平面鏡組成，光路圖如圖 8-3 所示。實際使用的潛望鏡由物鏡、目鏡和兩個直角全反射稜鏡組成。來自遠處的光線被上下兩稜鏡全反射，而為觀察者所看到。在潛水艇、坑道和戰車內常用潛望鏡來偵察敵情。

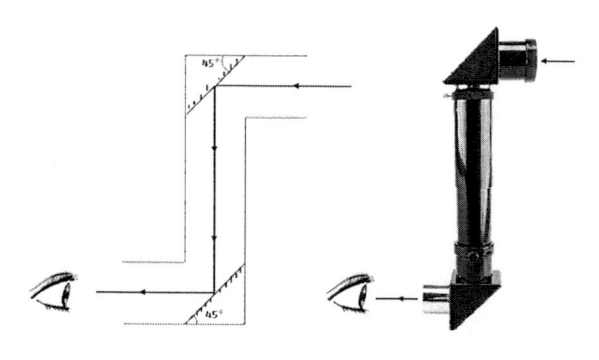

圖 8-3　潛望鏡光路圖

中國在西漢時已發明了一種「平面鏡組合」，劉安的《淮南萬畢術》中記載：

取大鏡高懸，置水盆於其下，則見四鄰矣。

圖 8-4 為《淮南萬畢術》中所描述的「平面鏡組合」使用示意圖，「水盆」中的水起到另一面平面鏡的作用，通過高懸的大鏡和「水盆」中的水，隔著圍牆看到了牆外農民耕作的場景。因為除大鏡和水盆中的水外，沒有安裝鏡子的管子，所以叫開管式潛望鏡。

圖 8-4　開管式潛望鏡

北周詩人庾信的《詠鏡詩》中有「試掛淮南竹，堪能見四鄰」之句，其典故就是來自開管式潛望鏡。宋代的《感應類叢志》也有類似的記載。

4. 凹面鏡

凹面鏡在古時被稱作陽燧，是一種聚焦日光取火的用器。《周禮・秋官・司烜氏》記載：「掌以夫燧取明火於日。」鄭玄注：「夫遂，陽遂也。」這裡的陽燧就是指金屬做成的凹面鏡。

光線直射在凹面上後，在凹面曲弧的作用下，從不同角度聚焦到一個點上，這就是人們所說的聚光。如圖 8-5 所示，與凹面鏡主軸平行的一束光線，被鏡面反射後，反射光線與主軸的交點，稱凹面鏡的焦點（F）。鏡面頂點與焦點的距離，稱為凹面鏡的焦距。凹面鏡的球心和焦點都在鏡前。凹面鏡有使入射光線會聚的作用，故也稱「會聚鏡」。

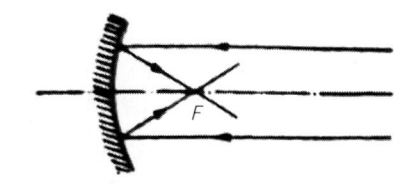

圖 8-5　凹面鏡的光路特點

漢代劉安的《淮南子・天文訓》中記載：

  陽燧見日，則燃而為火。

到了東漢，王充在《論衡》中說：

  陽燧取火於天，五月丙午日中之時，消煉五石鑄以為器，磨礪生光，仰以向日，則火來至，此真取火之道也。

可見類似凹面鏡之物，都能見日而燃為火，但並不是艾絨之類易燃物放在凹面鏡的任何地方都能得火。《淮南子・說林訓》中指出：

  若以燧取火，疏之則弗得，數之則弗中，正在疏數之間。

「疏」，遠也；「數」，近也，引火物必須放在凹面鏡的適當位置，才能得到火，「疏數之間」指的就是凹面鏡的焦距。

宋代的沈括對凹面鏡的焦點頗有研究，他在《夢溪筆談》中指出：

  陽燧面窪，向日照之，光皆聚向內。離鏡一二寸，光聚為一點，大如麻菽，著物則火發，此則腰鼓最細處也。

「離鏡一二寸」、「腰鼓最細處」就是凹面鏡的焦點所在，說明當時就有焦距的概念，這是中國古代光學的重大成就。

5. 探照燈與瑞光鏡

探照燈是一種遠距離搜索和照明的裝置，由凹面鏡及置於其焦點的強光源、殼體、轉動機構和底座等組成（圖8-6）。從強光源發出的光，經凹面鏡反射後射出平行的強光束，通過轉動機構，能使殼體上下、左右轉動，使光束射向任何方向。由於凹面鏡有球差，放在焦點的強光源，經球面鏡反射後，射出的光不完全是平行光，且之後發現經拋物面鏡反射的光較球面鏡反射的光平行度更好，於是拋物面鏡取代了球面鏡。如手電筒的反光碗，也做成拋物面鏡。

圖8-6 探照燈

中國古代有一種瑞光鏡，應是現在探照燈的先驅。據明末清初熊伯龍在《無何集》中記述：

> 今之瑞光鏡，陰陽凹凸，以燭貼凹一面，照壁如月，人以面承其光，其暖如日。

對瑞光鏡的製作與改進作出積極貢獻的是清初發明家黃履莊。張潮在《虞初新志·黃履莊傳》中介紹：

> 製法大小不等，大者五六尺，夜以燈照之，光射數里，其用甚巨，冬月人坐光中，遍體生溫，如在太陽之下。

黃履莊的設計增加了凹面鏡的尺寸，最大的達五六尺，口徑越大，所能容納的光也就越多，這就大大提高了光源強度。

6. 凸面鏡

凸面鏡利用對光有發散的作用，可以擴大視野。一束與主軸平行的光束照到凸面鏡上，被凸面鏡反射而發散，將這些光線反向延長，交於鏡面後的交點，該交點稱為凸面鏡的虛焦點（F）。鏡面頂點到虛焦點的距

第八章　光學儀器

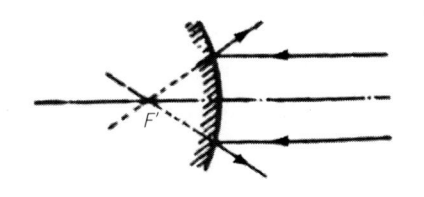

圖 8-7　凸面鏡的光路特點

離，稱為凸面鏡的虛焦距。由於凸面鏡有使入射光線發散的作用，故也稱「發散鏡」，如圖 8-7 所示。

《墨經》中有對凸面鏡的成像性質作過簡要而精闢的說明：

《墨經・經下》記載：「鑒團，景一。」

《墨經・經說下》記載：「鑒者近，則所鑒大，景亦大；其遠，所鑒小，景亦小。而必正。景過正，故招。」

凸面鏡成像，不論物在哪裡，像只有縮小正立的一種。人從遠處向凸面鏡移近，像逐漸由小變大，而且從正直變成彎曲，及至貼近凸面鏡時，像最大，彎曲最甚。《墨經》中設想凸面鏡之前存在一個點，在這點之外，像為正，過了此點，像呈彎曲，這一解釋還是科學的。

在《夢溪筆談》中，沈括比較了各類古銅鏡的規格，闡明了鏡面大小與曲率的關係。他正確指出，鏡面大小與它的曲率成反比關係。沈括的這一認識是符合凸面鏡成像規律的。古人根據不同需要而鑄造平面鏡或球面鏡，但一些水準不高的磨鏡匠，凡青銅鏡一律磨平，破壞了原來的設計。對此，沈括也有相關論述：

　　古人鑄鑒，鑒大則平，鑒小則凸。凡鑒窪則照人面大，凸則照人面小。小鑒不能全觀人面，故令微凸，收人面令小，則鑒雖小而能全納人面。仍復量鑒之小大，增損高下，常令人面與鑒大小相若。此工之巧智，後人不能造。比得古鑒，皆刮磨令平，此師曠所以傷知音也。

由於凸面鏡照人鑑物能成縮小的正立像，且照到的範圍大，因此在現代應用中，除汽車後視鏡使用凸面鏡外，在各種彎道、路口也會安裝凸面鏡用於擴大觀察視野，如圖 8-8 所示。

圖 8-8　停車場上的凸面鏡

· 113 ·

7. 火珠

火珠是一種透明能聚光引火的珠,也叫火齊珠,其質為石英、玻璃等,是中國古代早期用於取火的光學器材。火珠像凸透鏡那樣具有聚光功能,可將大部分光線會聚在很小的範圍內,該範圍內的溫度特別高,能使燃點較低的物質達到燃點而燃燒起來,從而得火。正如晉代張華在《博物志》中記載:

> 取火法,如用珠取火,多有說者,此未試。

中國出產的火珠不多,大多為西域各國商旅或使臣所貢。

《梁書·諸夷列傳》載,扶南國遣使「獻火齊珠、鬱金、蘇合等」。

《舊唐書》中記載:

> 林邑國王範頭黎遣使獻火珠,大如雞卵,圓白皎潔,光照數尺,狀如水精。正午向日,以艾承之,即火燃。

《新唐書·南蠻傳》中記載:

> 婆利者……多火珠,大者如雞卵,圓白,照數尺,日中以艾藉珠,輒火出。

另外,在《南史》、《魏書》中都有關於火珠的記載。

8. 冰燧

冰燧是古人取火的一種工具,也叫艾冰臺。古人將冰削成透鏡形,在透鏡的焦點處,放上艾絨之類的易燃物,在日光下,不久艾絨被點燃,以獲得火。

漢代劉安在《淮南萬畢術》中記載:

> 削冰令圓,舉以向日,以艾承其影,則火生。

晉代張華在《博物志》中也說:

> 削冰令圓,舉以向日,以艾於後承其影,則得火。

清代物理學家鄭復光根據張華的記述,做了冰透鏡取火實驗,取得了成功。他在《費隱與知錄》中作了詳細的介紹:

> 問:《博物志》云,削冰令圓。向日,以艾承景則有火,何理?

曰：余初亦有是疑，後乃試而得之。蓋冰之明澈，不減水晶，而取火之理在乎鏡凸。嘉慶己卯，餘寓東淘，時冰甚厚，削而試之，甚難得圓。或凸而不光平，俱不能收光，因思得一法：取錫壺底微凹者貯熱水旋而熨之，遂光明如鏡，火煤試之而驗，但須日光盛，冰明瑩形大而凸稍淺（徑約三寸，外限須約二尺），又須靠穩不搖方得，且稍緩耳。蓋火生於日之熱，雖不係鏡質，然冰有寒氣能減日熱，故須凸淺徑大，使寒氣遠而力足矣。

此後他又在另一本著作《鏡鏡詅痴》中談到「冰燧取火」。經過反覆改進試驗研究，鄭復光不僅證實了漢代這一記載的真實性，還對冰透鏡的製法、尺寸大小和聚光本領等都有了進一步的認識。

9. 放大鏡

放大鏡是用來觀察細小物體的凸透鏡，其工作原理如圖 8-9 所示。

作為放大鏡的凸透鏡，焦距在 1~10 公分之間，其放大倍數約等於正常眼睛的明視距離（約為 25 公分）

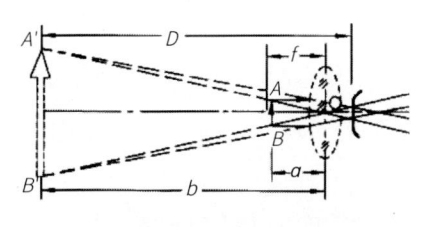

圖 8-9　放大鏡工作原理圖

與凸透鏡焦距之比。一般的放大鏡是單獨一個凸透鏡，特殊的則由兩個適當的凸透鏡組成，用以糾正像差。

中國古代沒有明確的資料記載放大鏡的發明年代和使用情況，但早在一千多年前人們已將透明的水晶或寶石磨成凸透鏡，用這些凸透鏡放大影像，可算是放大鏡的一種。

1980 年，在江蘇邗江縣甘泉鎮廣陵王劉荊墓中出土了一枚放大鏡（圖 8-10），該鏡用金圈嵌水晶石凸透鏡，直徑 1.3 公分，重 2.3 克，放大物體 4 至 5 倍，此鏡的發現，證實中國在東漢初就能加工磨製水晶石凸透鏡。

圖 8-10　金圈嵌水晶石放大鏡

10. 眼鏡

眼鏡是用以矯正視力或保護眼睛的簡單光學儀器，由鏡片及鏡架組成。矯正視力的有近視眼鏡和遠視眼鏡。

近視眼，看近物清楚，視遠物模糊，那是因為眼球前後徑過長，或角膜和水晶體的屈光[1]不正造成的。從遠處來的平行光線進入眼內所形成的焦點，位於視網膜前（圖8-11），因而成像不清晰。矯治方法是戴由凹透鏡製成的眼鏡，把原先落在視網膜前的像移至視網膜上。

圖8-11　近視眼的成像圖

凹透鏡，又叫發散透鏡，當一束平行光線經過它時，平行光束擴散成錐形光束，光路圖如圖8-12所示。近視眼鏡正是利用這個特點而製成的。

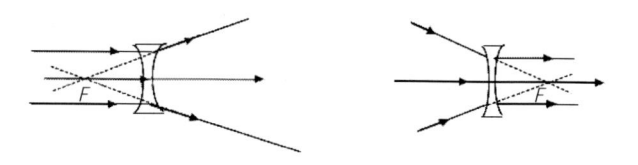

圖8-12　凹透鏡的光路圖

遠視眼，或老花眼，是由於眼球前後徑過短，或角膜和水晶體屈光力不足所致。從遠處來的平行光線進入眼內所形成的焦點，落在視網膜後（圖8-13），因而成像模糊不清。矯治方法是戴由凸透鏡製成的眼鏡，把原先落在視網膜後的像移到視網膜上。

---

[1] 屈光：眼睛的角膜和水晶體可以聚焦影像，若不能將影像清晰地聚焦在視網膜上，即角膜或水晶體彎曲不均勻、不平滑，光線不能正確地折射產生屈光。

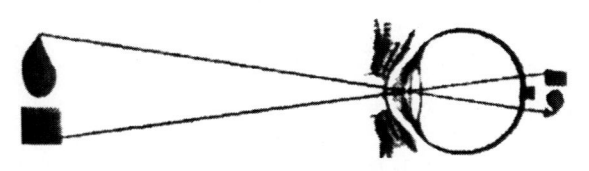

圖 8-13　遠視眼的成像圖

　　凸透鏡,又叫會聚透鏡,當一束平行光線經過它時,平行光束會聚在一點(焦點)上,其光路圖如圖 8-14 所示。遠視眼鏡正是利用凸透鏡的這個特點而製成的。

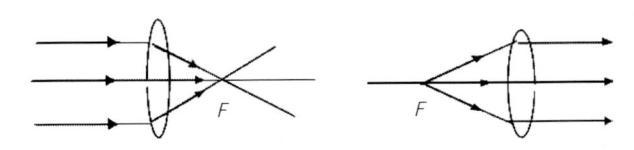

圖 8-14　凸透鏡的光路圖

　　南宋時期,中國出現了雙鏡片的老花鏡,名為靉靆,其外形與今天的眼鏡很接近。趙希鵠的《洞天清錄》中記載:

　　　　靉靆,老人不辨細書,以此掩目則明。

　　明代,西方傳教士紛紛來華,他們帶來了科學知識和先進儀器設備,其中就有眼鏡,提及眼鏡的著作也多起來。如明人張寧的《方洲雜言》,書中寫道:

　　　　向在京師,於指揮胡豅寓,見其父宗伯公所得宣廟賜物,如錢大者二,其形色絕似雲母石,而質甚薄,以金相輪廓而紐之,合則為一,歧則為二,如市中等子匣。老人目昏,不辨細書,張此物加於雙目,字明大加倍。近又於孫景章參政處見一具,試之復然。景章云:「以良馬易於西域賈胡,其名曰『僾逮』。」

　　又如明人郎瑛在《七修類稿》中記載:

　　　　少嘗聞貴人有眼鏡,老年人可用以觀書。予疑即《文選》中玉珧之類。及霍子麒送一枚來,質如白琉璃,大如錢,紅骨鑲二片,可開合而摺疊之。問所從來,則曰:「甘肅番人貢至而得者。」

明人程良孺撰的《讀書考定》中也有記述：

眼鏡，老年觀書，字小看大，出西海中，虜人得而製之，以遺中國為世寶也。予意恐即《文選》中所謂玉珧、海月。及讀《臨海異物志》載：「海月如鏡，白色正圓，有腹無口，目可炙食。」

明代許多畫中，出現了戴眼鏡的人物，甚至還有眼鏡鋪。可見，明代時眼鏡在中國已較普遍。

清代史學家趙翼在《陔餘叢考》中，認為眼鏡是「舶來品」，他說：「古未有眼鏡，至明始有之……本來自外洋。」

沈從文在他的《中國古代服飾研究》中也說：

眼鏡據明人的記載，宣德間就傳入中國，故宮博物院還收藏有明代宣德時的實物，但至清初才較多使用。至於官僚文人佩件中的腰圓形眼鏡盒，則多嘉道後才上身的。

在明末清初，宮廷內設定了製作眼鏡的作坊，產品供王公大臣使用。後來，在民間也興起了大批製鏡業，如廣州、蘇州，湧現出一批製鏡工人，其中不乏專家型人才，如孫雲球、薄珏等成為中國光學儀器製造的中堅力量。

11. 望遠鏡

望遠鏡是一種利用透鏡或反射鏡以及其他光學器件觀測遙遠物體的光學儀器。最簡單的望遠鏡是在一個圓筒的一端裝一焦距較長的凸透鏡，稱為物鏡，另一端插入能自由伸縮的較小圓筒，小圓筒外端裝一焦距較短的

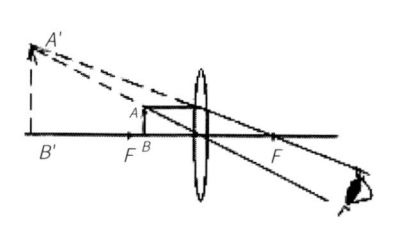

圖 8-15 望遠鏡的光路圖

凸透鏡或凹透鏡，作為目鏡。這種望遠鏡又稱單筒望遠鏡。從遠處物體來的光，經物鏡折射後形成物體倒立的像，再由目鏡加以放大，以便觀察，光路圖如圖 8-15 所示。

望遠鏡的種類很多，除單筒望遠鏡外，還有伽利略望遠鏡、雙筒望遠

鏡等，均成正立的像。而觀察天體的望遠鏡，稱天文望遠鏡，一般都成倒立的像。望遠鏡的放大率用角放大率來表示，角放大率等於物鏡焦距與目鏡焦距之比。

如圖 8-16 所示的為射電望遠鏡，是用以接收和測量天體無線電輻射的儀器，也是天文望遠鏡的一種。中國建在貴州黔南布依族苗族自治州的 500 公尺口徑球面射電望遠鏡，簡稱 FAST，現為世界上最大的單口徑射電望遠鏡，有「中國天眼」之稱，如圖 8-17 所示。

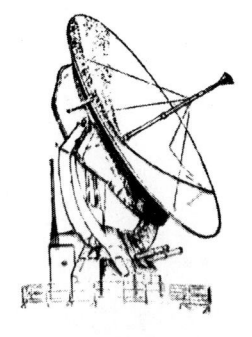

圖 8-16　射電望遠鏡　　　　圖 8-17　FAST

望遠鏡是西方科學家發明的。1609 年，義大利物理學家伽利略首先成功創製望遠鏡，用來觀測星月，並寫成《星際使者》一書。1615 年，葡萄牙傳教士陽瑪諾將這一科學儀器介紹到中國，並撰寫了《天問略》一書，他在書中寫道：

　　近世西洋精於曆法一名士（指伽利略），務測日月星辰奧理而衰其目力尪羸，則造創一巧器以助之。持此器觀六十里遠一尺大之物，明視之，無異在目前也。持以觀月，則千倍大於常。觀金星，大似月，其光亦或消或長，無異於月輪也……待此器至中國之日，而後詳言其妙用也。

德國傳教士湯若望所著的《遠鏡說》中將望遠鏡的製作方法作了說明：

　　用玻璃製一似平非平之圓鏡，日筒口鏡，即前所謂中高鏡，

所謂前鏡也。製一小窪鏡,曰靠眼鏡,即前所謂中窪鏡,所謂後鏡也。須察二鏡之力若何,相合若何,長短若何,比例若何,苟既知其力矣,知其合矣,長短宜而比例審宜,方能聚一物像雖遠而小者,形形色色不失本來也。

所謂「中高鏡」,即凸透鏡,邊緣薄中間厚,作望遠鏡的物鏡,即「前鏡」、「筒口鏡」。「中窪鏡」,即凹透鏡,邊緣厚中間薄,作望遠鏡的目鏡,即「後鏡」、「靠眼鏡」,這種結構是典型的伽利略式望遠鏡。

書中還介紹了望遠鏡的使用方法:

> 鏡只兩面,但筒可以隨意增加,筒筒相套,可以伸縮。又以螺絲釘撐住,即可上下左右。但視鏡只用一目,而以視二百步外之物為例,遠達六十里。可以觀月,觀金星、太陽、木星、土星及宿天諸星。視太陽及金星時,則加青綠鏡,或置白紙於眼鏡下觀太陽。此外可用以航海,用以在暗室畫圖,而尤可用於戰爭。

這本書喚起了中國有識之士對望遠鏡的熱忱,如徐光啟在崇禎二年(1629)上書當時的皇帝朱由檢,請求撥工料製作望遠鏡。據《明史·天文志一》記載,徐光啟的繼任者曆法家李天經對望遠鏡也大加讚賞,他說:「(望遠鏡)不但可以窺天象,且能攝數里外物,如在目前。可以望敵施炮,有大用焉。」

西洋進貢的望遠鏡和大臣們進獻的望遠鏡,在清代康雍乾三朝,都有詳細的記述,留存的實物大多珍藏在北京故宮博物院。乾隆皇帝寫過好幾首有關望遠鏡的詩,如《千里鏡》:

> 誰歟巧製過工倕,玩景何須出綺帷。
> 視遠惟明元在我,鑑空無礙卻憑伊。
> 光如水月初圓際,了若湖山盡歷時。
> 聞道離朱能燭眇,還疑千里未曾窺。

德國傳教士湯若望的《遠鏡說》系統介紹了望遠鏡的製作及相關光學原理,該書刊行後對西方光學知識在中國的傳播及中國的光學儀器製

作產生了深遠的影響。如江蘇的光學儀器製造家孫雲球,在17世紀中葉,曾自己磨製透鏡,製造過性能良好的望遠鏡。1631年,薄珏不僅自己製造望遠鏡,還創造性地把望遠鏡置在自製的銅炮上。薄珏比孫雲球年長,他製作望遠鏡的時間更早,這表明中國人對望遠鏡這一新生事物的接受過程是相當快的。

望遠鏡在中國出現不久,文學作品中也出現了相關描寫。明末清初的章回體小說《十二樓》中有一段關於望遠鏡(千里鏡)形狀和特點的描寫:

> 此鏡用大小數管,粗細不一。細者納於粗者之中,欲使其可放可收,隨伸隨縮。所謂千里鏡者,即嵌於管之兩頭,取以視遠,無遐不到。「千里」二字雖屬過稱,未必果能由吳視越,坐秦觀楚,然試千百里之內,便自不覺其誣。至於十數里之中,千百步之外,取以觀人鑑物,不但不覺其遠,較對面相視者更覺分明,真可寶也。

如果作者未見過望遠鏡,是不可能有如此詳細的描述的。

12. 顯微鏡

顯微鏡是由一個或幾個透鏡的組合構成的一種光學儀器,用來觀察更為微小的物體。如圖8-18所示,光學顯微鏡主要由一短焦距的物鏡和一焦距較長的目鏡組成,物鏡和目鏡都屬透鏡組,以消除像差。顯微鏡有許多附件,如粗準焦螺旋、細準焦螺旋、壓片夾、通光孔、遮光器、轉換器、反光鏡、載物臺、鏡臂、鏡筒、聚光器、光闌等。一架顯微鏡常備幾個不同焦距的物鏡和目鏡,以根據需要獲得不同的放大倍數。圖8-19是顯微鏡的光路圖。

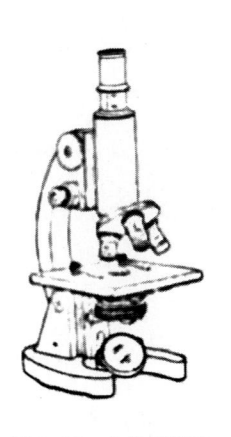

圖8-18 光學顯微鏡

光學顯微鏡最早是1590年由荷蘭眼鏡商人亞斯·詹森發明的,在明末清初傳入中國,數量不多。

1687年，法王路易十四派了一批傳教士來華，他們帶來了不少西方「奇器」，其中就有顯微鏡。這些顯微鏡成為皇室的珍寶。乾隆皇帝還為顯微鏡寫了一首《詠顯微鏡》：

> 玻璃製為鏡，視遠已堪奇。
> 何來僾逮器，其名曰顯微。
> 能照小為大，物莫遁毫釐。
> 遠已莫可隱，細又鮮或遺。
> 我思水清喻，置而弗用之。

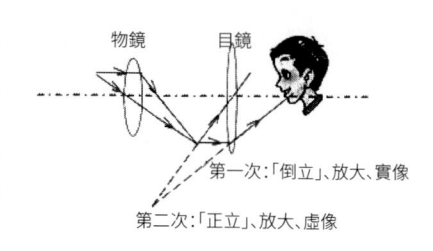

圖 8-19　顯微鏡光路圖

1866年，張德彝訪問瑞典，見到顯微鏡甚為好奇，並在他的《航海述奇》中記載：

> 術者以滴水放於顯微鏡上，向日而照，映諸對壁，則水內小蟲無數，蠕蠕如魚蝦然。醋內照之有蟲如蟬，千百飛舞，大皆三尺許。河水照之，有如蠍如蟹之蟲，大皆三四尺。

光緒年間，顯微鏡逐漸增多，了解顯微鏡的中國人也多了起來。如中國近代維新變法的領袖康有為說：

> 因顯微鏡之萬數千倍者，視虱如輪，見蟻如象，而悟大小齊同之理，因電機光線一秒數十萬里，而悟久速齊同之理。

劇作家李漁在《十二樓》中也有一段有關顯微鏡的描寫：

> 大似金錢，下有三足，以極微、極細之物，置於三足之中，從上視之，即變為極宏、極巨。蟻虱之屬，幾類犬羊；蚊虻之形，有同鸛鶴。並蟻虱身上之毛，蚊虻翼邊之彩，都覺得根根可數，歷歷可觀。所以叫做「顯微」，以其能顯至微之物，而使之光明較著也。

英國傳教士傅蘭雅在其主編的《格致彙編》中，專門以《釋顯微鏡》為題，詳細介紹了顯微鏡的用途、結構、工作原理、製造和使用方法，以普及顯微鏡知識。

清雍正時的張汝霖和印光任合撰的《澳門紀略・澳番篇》中，記述了當時國人用顯微鏡觀察微生物的情景：

　　有顯微鏡，見花須之蛆，背負其子，子有三四，見蠅虱，毛黑色，長至寸許，若可數。

清順治時，孫雲球在他撰寫的《鏡史》中，詳細介紹了他製作的顯微鏡。他叫「察微鏡」，可惜無實物和圖紙留存，連《鏡史》也失傳，今人推測孫雲球的察微鏡可能是一種複式顯微鏡。黃履莊也曾製造過顯微鏡，因缺乏資料，也不知其詳。清代光學集大成者、科學家鄭復光在《鏡鏡詅痴》中也詳細介紹了顯微鏡的製作方法。

圖 8-20 是清末民初的學生在使用顯微鏡。現在，顯微鏡已是中學科學課必備的儀器。

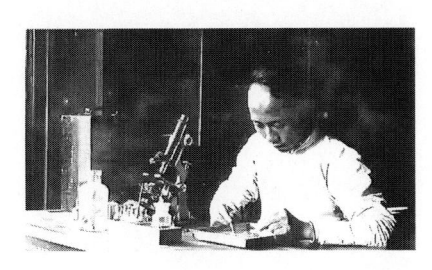

圖 8-20　清末民初的學生在使用顯微鏡

13. 幻燈機

幻燈機是利用凸透鏡成像原理，將幻燈片等投影於幕上的光學器具，由光源、反光鏡、聚光鏡和放映鏡頭等部件組成。如圖 8-21 所示為直射式幻燈機，用於放映透明幻燈片。反光鏡為處於光源後的凹面鏡，由金屬拋光或玻璃鍍銀而成，其作用是把光源向後發射的光線反射回來加以利用，提高光源的利用率。聚光鏡由凸面相對的兩塊平凸透鏡組成，作用是將光線會聚並均勻地照射在幻燈片上，使光源得到充分利用，增加幕上影像的亮度和均勻度。放映鏡頭是一個凸透鏡，為了提高成像品質，一般由多層不同透鏡組成，並用鏡頭筒固定。放映鏡頭的作用是將幻燈片上的畫面放大，並成像在幕上，鏡頭上標有焦距值，在近距離放映較大影像時，應選用焦距較小

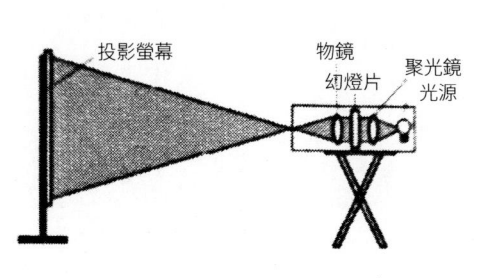

圖 8-21　直射式幻燈機

的放映鏡頭。幻燈機工作時，光源發出的光經反光鏡反射到聚光鏡上，聚光後使大多數的光線均勻而集中地照射到幻燈片上，透射光經放映鏡頭，在幕上呈現放大的倒立的實像。由於凸透鏡成的像是倒像，故在放映時幻燈片必須倒立在幻燈機的光路中。

1654年，德國人基夏爾首次記述了幻燈機的發明，最早的幻燈片是玻璃製成的，靠人工繪畫。19世紀中葉，底片發明後，幻燈片開始使用照相移片法生產。

另外一種裝有反射裝置的幻燈機，可以放映不透明的圖片、檔案等，稱為反射式幻燈機，如圖8-22所示。反射式幻燈機廣泛用於宣傳教育、舞臺演出、電影攝製和學校教學中。

中國古代關於幻燈機的詳細記載極少，在《韓非子·外儲說左上》有一段類似幻燈片製作的記述：

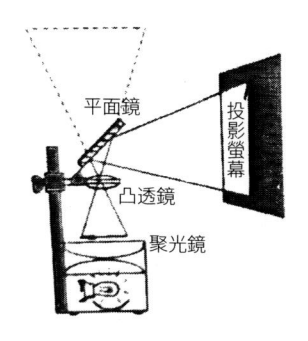

圖 8-22　反射式幻燈機

  客有為周君畫筴者，三年而成。君觀之，與髹筴者同狀，周君大怒。畫筴者曰：「築十版之牆，鑿八尺之牖，而以日始出時加之其上而觀。」周君為之，望見其狀，盡成龍蛇禽獸車馬，萬物之狀備具。周君大悅。此筴之功非不微難也，然其用與素髹筴同。

直到清道光年間，蘇州吳縣人顧祿在《桐橋倚棹錄》中詳細記述了幻燈機：

  燈影之戲，則用高方紙木匣，背後有門。腹貯油燈，燃柱七八莖，其火焰適對正面之孔。其孔與匣突出寸許，作六角式，須用攝光鏡重疊為之，乃通靈耳。匣之正面近孔處，有耳縫寸許長，左右交通，另以木板長六七寸許，寬寸許，勻作三圈，中嵌玻璃，僅繪戲文，俟腹中火焰正明，以木板倒入耳縫之中，從左移右，從右移左，挨次更換，其所繪戲文，適與六角孔相印，將影

攝入粉壁,匣愈遠而光愈大。惟室中須盡滅燈火,其影始得分明也。

鄭復光在《鏡鏡詅痴》中也有關於幻燈機製作的詳細記述,他把幻燈機稱為「放字鏡」。

14. 照相機

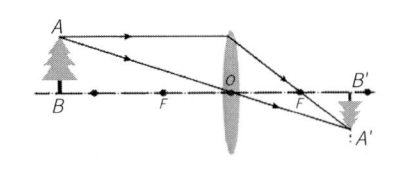

圖 8-23　照相機的成像原理圖

照相機是一種利用光學成像原理形成影像並使用底片記錄影像的設備,是用於攝影的光學器械,一般由機身、暗箱、鏡頭、快門、感光片、測距器、取景器、測光系統等部分組合而成。其基本結構為一個不透光的暗箱,一端裝鏡頭,一端裝感光片。景物的光線通過鏡頭,在感光片上結成影像,其成像原理圖如圖 8-23 所示。照相機種類繁多,按結構分,有取景器式、單鏡頭反光式、雙鏡頭反光式等;按性能分,有自動聚焦型、自動曝光型、手動型等。近年來又發展出數碼照相機。

照相術是 1839 年由法國科學家達蓋爾發明的。中國學者鄒伯奇於 1844 年獨立研製出一架「攝影之器」,並用它拍了照片。鄒伯奇在《攝影之器記》中寫道:

　　甲辰歲,因用鏡取火,忽悟其能攝諸形色也,急閉窗穴板驗之,引申觸類而作此器。

同時,他對照相機的結構、功能也作了較為詳細的說明:

　　故此而作暗箱,其一端嵌有凸鑑,是用凸鑑以面風景或人物,則暗箱內有風景或人物之小像在焉。使之像映於(白)色玻璃,而前後動其玻璃則像可明顯。迨取出此玻璃,換用別種玻璃板,此玻璃板乃以受光作用之一種藥料塗於其表面者也。斯時箱內之像,遇此善感之化合物,則像之明處以其作用玻璃板之藥物,使先變其性質,而像之暗處則反之,故其像惟留痕跡

於表面。此痕跡則像之明處現為暗,像之暗處(則現為明),故可得物之小照也。

鄒伯奇的照相機應是取景器的改進和發展,中國著名學者梁啟超對他的成果給予了很高的評價:

    特夫自製攝影器……無所承而獨創。

鄒伯奇不僅獨立發明了照相機,還自製顯影液與定影液。

15. 電影機

電影機分為電影攝影機和電影放映機。

電影攝影機,簡稱攝影機,為攝取被攝體活動影像的精密光學機械。其成像原理與一般照相機相同,主要部件有鏡頭、曝光裝置、輸片機構和供、收片暗盒等。暗盒內的整卷電影膠片由與動力相聯接的齒輪輸送,在攝影機內連續運行,當其經過片窗時,受到間歇機構的控制,變連續運行為間歇運行,並在片窗前有一剎那的停留(通常停留時間為 1/24 秒),這時與其相配合的遮光器打開光路,使膠片接受由鏡頭捕捉到的影像,一格格地經曝光而記錄於膠片上,得到被攝體姿勢漸次變化的一系列畫面。

電影放映機為放映影片用的光學機械,如圖 8-24,由燈箱、光學裝置、傳動輸片機構和供、收片暗盒等組成。在影片運行時,以 24 幅/秒的速度,將放大了的活動影像(畫面)投影在銀幕上。根據放映影片寬度不同,放映機有不同規格,並製成固定式的座機和便攜式的流動機,以適應不同的放映條件。有

圖 8-24 電影放映機

聲電影的放映機還裝有發聲裝置,影片製作時在感光膠片上記錄聲音。聲波通過電聲器械,在光調幅器的作用下,轉換成有強弱或大小變化的光束,使恆速運行著的膠片曝光,經過洗印加工,即成為光學聲帶。影片放映時,聲帶經過放映機的發聲裝置,受到光的照射,由光敏換能裝置產

生光電效應,通過放大器還原出聲音。近代光學錄音,已採用電子掃描、雷射調變等技術。

電影攝影機是1882年,由法國人朱爾·馬雷發明的。放映機是人們的一種渴望,希望將幻燈機的影像由靜變動,這一渴望經歷了幾個世紀,才得以實現。

放映機械是中國古人早已有的夢想,《漢書》中記載,漢武帝因心愛的李夫人離世,傷心欲絕,李少翁為漢武帝造了個李夫人的形象。東晉王嘉的《拾遺記》對此有生動的描述:

漢武帝思懷往昔李夫人,不可復得……詔少君為之語曰:「朕思李夫人,其可得乎?」少君曰:「可遙見,不可同於帷幄。暗海有潛英之石,其色青,輕如羽毛,寒盛則石溫,暑盛則石冷,刻之為人像,神悟不異真人。使此石像往,則夫人至矣。」

《漢書·外戚傳》中記載:「乃夜張燈燭,設帳帷,陳酒肉,而令上居他帳遙望,見好女如李夫人之貌,還帷坐而步,又不得就視。」

由此推測,李少翁是以燈燭為光源,將石刻的人像投影在帷幕上,這種裝置可以說是影戲的先驅。

到隋代,出現了取光弄影的幻術。據唐代《廣古今五行記》記載:

隋煬帝大業九年,唐縣人宋子賢善為幻術,每夜樓上有光明,能變作佛形,自稱彌勒佛出世。又懸鏡於堂中,壁上盡為獸形。有人來禮謁者,轉其鏡,遣觀來生像,或作蛇獸形,子賢輒告之罪業,當更禮念,乃轉人形示之。遠近惑信,聚數千百人。

宋代,出現了另一種被稱為移景法的幻術,儲泳在他的《袪疑說》中用光學知識揭露過這一現象:

移景之法,類多仿似,唯一法如烈日中影,人無不見,視諸家移景之法特異。及得其說,乃隱像於鏡,設燈於旁,燈鏡交輝,傳影於紙。此術近多施之攝召,良可笑也。

這種移景法,可能利用透鏡將物體的像投到牆上去。

宋朝,影戲在民間已有相當的規模與水準,且受到普遍歡迎,據張耒在《明道雜志》中記述:

> 京師有富家子弟……甚好看影戲,每弄至斬關羽,即為泣下,囑弄者且緩之。

至元代,中國的影戲傳到中亞,繼而傳向世界。據說當時德國的大文豪歌德十分喜愛中國的影戲,並介紹、宣傳它。

中國民間的皮影戲、木偶戲有表演有伴唱,也影響著電影的產生,幻燈機的發明更為電影的誕生作了技術和思想上的準備。

16. 色散儀器

色散是複色光分解為單色光而形成光譜的現象。從廣義上講,色散指光波分解成頻譜,任何物理量只要隨頻率(或波長)的變化而變化,都稱色散。

折射、衍射、干涉、偏振都能產生色散,但它們產生的機理有很大的區別。本書介紹折射產生的色散現象以及相關的儀器。

(1)三稜鏡

三稜鏡是由透明材料製成的截面呈三角形的光學儀器。當複色光進入三稜鏡後,由於三稜鏡對各種頻率的光具有不同的折射率,各種色光的傳播方向有不同程度的偏折,因而在離開三稜鏡後分散形成光譜,如圖8-25所示,三稜鏡也叫色散稜鏡。太陽光通過三稜鏡後,產生紅、橙、黃、綠、藍、靛、紫七色順次排列的彩色連續光譜。

圖 8-25 三稜鏡的色散現象

(2)分光計

分光計是一種使複色光通過稜鏡按波長分散兼供光學測量的儀器,它可以精確測定光線偏轉角,也稱測角儀,一般由裝在三足座上並在同一平面內的準直管、稜鏡、稜鏡臺和望遠鏡構成,如圖8-26所示。稜鏡

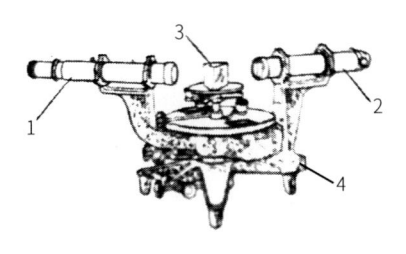

圖 8-26　分光計
1. 望遠鏡　2. 準直管　3. 稜鏡　4. 稜鏡臺

臺為一圓盤,可以繞中心軸轉動,其底座上刻有游標,望遠鏡和底座外圈刻有角度讀數的圓環相連,它們也可繞中心軸旋轉,但準直管的位置固定。從光源發出的光,經準直管變化為平行光,再經稜鏡臺上的稜鏡色散,方向改變,用望遠鏡觀察並在圓環上讀出所偏轉的角度。望遠鏡中還裝有準絲,以增加測量的精確度。分光計常用於測量光的波長、稜鏡角、稜鏡材料的折射率或色散率等。

（3）分光鏡

分光鏡是一種目視的分光儀器,可簡單測量波長,結構和分光計相近。要測定波長的光,經分光鏡中的稜鏡分解為光譜,用望遠鏡叉絲依次對準待測譜線,通過一個帶有刻度的操縱軸讀出刻度,可算出波長。望遠鏡位置固定的分光鏡,稱為恆偏向分光鏡;操縱軸上刻度直接用波長表示的,稱為波長分光鏡。

（4）單色儀

單色儀是研究單色輻射的一種分光儀,由入射準直管、色散系統和出射準直管組成,其結構如圖 8-27 所示。在出射準直管透鏡的焦平面上放置一個出射狹縫,分出光譜中

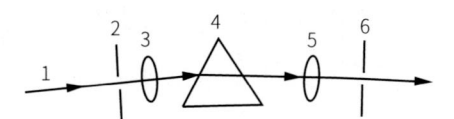

圖 8-27　單色儀結構示意圖
1. 入射光　2. 入射狹縫　3. 透鏡
4. 稜鏡　5. 透鏡　6. 出射狹縫

很窄的單色輻射,通過轉動色散系統（稜鏡或光柵）使光譜沿色散方向轉動,就可依次對各波段的單色輻射進行測量。

中國古人對色散現象早有認識,如大自然中的虹,是陽光射入水滴經折射和反射而形成在雨幕或霧幕上的彩色圓弧。《詩經·鄘風》中就有「朝隮於西,崇朝其雨」之句。

南朝梁的劉孝威在《和皇太子春林晚雨》詩中說:

>　　雲樹交為密,雨日共成虹。
>
>　　雷舒長男氣,枝搖少女風。

唐初,經學家孔穎達在《禮記註疏》中對虹的形成條件說得更為確切:

>　　若雲薄漏日,日照雨滴則虹生。

唐朝著名詞人張志和在《玄真子·濤之靈》中還介紹了一個人造虹的實驗:

>　　背日噴乎水成虹霓之狀,而不可直者,齊乎影也。

明代的方以智在《物理小識》中對色散現象做了總結:

>　　映日射飛泉成五色;人於回牆間向日噴水,亦成五色。故知虹霓之彩、星月之暈、五色之雲,皆同此理。

一些物體在日光照射下,也能產生色散現象。南朝時的梁元帝蕭繹注意到白光透過一些晶體時的色散現象。他在《金樓子》中記述:

>　　白鹽山,山峰洞澈,有如水精,及其映日,光似琥珀。

宋代的杜綰在他的《雲林石譜》中記述:

>　　嘉州峨眉石正與五臺山石相似,出岩竇中,名菩薩石,其色瑩潔,狀如太山、狼牙、信州、永昌之類。映日射之,有五色圓光。其質六稜,或大如棗栗,則光彩微茫。間有小如櫻珠,則五色燦然可喜。

可惜,先人未能將這些透明物質製成能產生色散現象的光學儀器(如稜鏡),進而研究各種色光的特性。

參考文獻

1. 中國天文學史整理研究小組編著. 中國天文學史 [M]. 北京:科學出版社,1981.

2. 潘鼐主編. 中國古天文儀器史(彩圖本)[M]. 太原:山西教育出版社,2005.

3. 陳美東,華同旭主編. 中國計時儀器通史(古代卷)[M]. 合肥:安徽教育出版社,2011.

4. 張遐齡,吉勤之主編. 中國計時儀器通史(近現代卷)[M]. 合肥:安徽教育出版社,2011.

5. 關增建,馬芳著. 中國古代科學技術史綱 —— 理化卷 [M]. 瀋陽:遼寧教育出版社,1996.

6. 徐日新編著. 中國古代力學思想與實踐 [M]. 上海:上海科學普及出版社,2012.

7. 徐日新編著. 中國古代熱學思想與實踐 [M]. 上海:上海科學普及出版社,2016.

8. 徐日新編著. 中國古代聲學思想與實踐 [M]. 上海:上海科學普及出版社,2018.

9. 楊堯飛,徐日新編著. 中國古代電磁學思想與實踐 [M]. 上海:上海科學普及出版社,2021.

10. 薄樹人編著. 郭守敬 [M]. 北京:中華書局,1965.

11. (宋)蘇頌撰;胡維佳譯注. 新儀象法要 [M]. 瀋陽:遼寧教育出版社,1997.

12. 楊天宇撰. 周禮譯注 [M]. 上海：上海古籍出版社，2004.

13. 楊天宇撰. 儀禮譯注 [M]. 上海：上海古籍出版社，2004.

14. （東漢）王充原著；袁華忠，方家常譯注. 論衡全譯 [M]. 貴陽：貴州人民出版社，1993.

15. 聞人軍著. 考工記導讀 [M]. 成都：巴蜀書社，1988.

16. 胡道靜，金良年著. 夢溪筆談導讀 [M]. 成都：巴蜀書社，1988.

17. （西漢）劉安原著；陳一平著. 淮南子校注譯 [M]. 廣州：廣東人民出版社，1994.

18. （漢）劉安撰. 淮南萬畢術 [M]. 上海：商務印書館，1939.

19. （元）王禎撰；繆啟愉，繆桂龍譯注. 東魯王氏農書譯注 [M]. 上海：上海古籍出版社，2008.

20. （戰國）墨翟原著；周才珠，齊瑞端譯注. 墨子全譯 [M]. 貴陽：貴州人民出版社，1995.

21. （晉）葛洪輯；成林，程章燦譯注. 西京雜記全譯 [M]. 貴陽：貴州人民出版社，1993.

22. （明）葉子奇撰. 草木子 [M]. 北京：中華書局，1959.

23. （唐）劉餗，李肇撰；黃紹筠，盛鍾健等選譯. 隋唐嘉話·唐國史補 [M]. 杭州：浙江古籍出版社，1986.

24. （宋）蘇軾撰；王松齡點校. 東坡志林 [M]. 北京：中華書局，1981.

25. （元）薛景石著；鄭巨欣注釋. 梓人遺制圖說 [M]. 濟南：山東畫報出版社，2006.

26. （宋）周去非著；屠友祥校注. 嶺外代答 [M]. 上海：上海遠東出版社，1996.

27. 沈繼光，高萍著. 老物件——復活平民的歷史 [M]. 天津：百花藝文出版社，2005.

28. 郭德維著. 音符跳躍的地宮——曾侯乙墓的發現 [M]. 北京：中國文聯出版社，1999.

29.（唐）韋絢撰；陶敏，陶紅雨校注. 劉賓客嘉話錄[M]. 北京：中華書局，2019.

30.（五代）譚峭撰；丁禎彥，李似珍點校. 化書[M]. 北京：中華書局，1996.

31. 毛憲民著. 故宮片羽[M]. 北京：文物出版社，2003.

32.（清）趙翼撰；曹光甫校點. 陔餘叢考[M]. 上海：上海古籍出版社，2011.

33.（明）方以智錄. 物理小識[M]. 上海：商務印書館，1937.

34.（清）鄭復光著. 費隱與知錄[M]. 上海：上海科學技術出版社，1985.

35.（清）鄭復光著. 鏡鏡詅痴[M]. 上海：商務印書館，1936.

36.（宋）周密撰. 武林舊事[M]. 北京：中華書局，2020.

37.（西晉）張華編纂；張恩富譯. 博物志[M]. 重慶：重慶出版社，2007.

38.（宋）杜綰著. 寇甲，孫林編著. 雲林石譜[M]. 北京：中華書局，2012.

39.（唐）房玄齡等撰. 晉書[M]. 北京：中華書局，1974.

40. 王錦光，洪震寰著. 中國光學史[M]. 長沙：湖南教育出版社，1986.

中國古代科學儀器史略

編 著：	楊堯飛，徐日新	
發 行 人：	黃振庭	
出 版 者：	崧燁文化事業有限公司	
發 行 者：	崧燁文化事業有限公司	
E-mail：	sonbookservice@gmail.com	
粉 絲 頁：	https://www.facebook.com/sonbookss/	
網 址：	https://sonbook.net/	
地 址：	台北市中正區重慶南路一段 61 號 8 樓	

8F., No.61, Sec. 1, Chongqing S. Rd., Zhongzheng Dist., Taipei City 100, Taiwan

電 話：	(02)2370-3310
傳 真：	(02)2388-1990
印 刷：	京峯數位服務有限公司
律師顧問：	廣華律師事務所 張珮琦律師

-版 權 聲 明-

本書版權為淞博數字科技所有授權崧燁文化事業有限公司獨家發行電子書及紙本書。若有其他相關權利及授權需求請與本公司聯繫。

未經書面許可，不得複製、發行。

定　　價：299 元
發行日期：2025 年 08 月第一版
◎本書以 POD 印製

國家圖書館出版品預行編目資料

中國古代科學儀器史略 / 楊堯飛，徐日新 編著 . -- 第一版 . -- 臺北市：崧燁文化事業有限公司, 2025.08
面； 公分
ISBN 978-626-416-733-8(平裝)
1.CST: 試驗儀器 2.CST: 科學實驗 3.CST: 中國
303.5　　　　114010981

電子書購買

爽讀 APP　　　臉書